国家出版基金项目
NATIONAL PUBLICATION FOUNDATION

中国卷

世界灌溉工程遗产研究丛书

谭徐明 总主编

与太湖堤共生的工程体系

邓俊 编著

湖州溇港

长江出版社
CHANGJIANG PRESS

总序

在世界广袤的大地上，分布着丰富且类型多样的人类文明，古代灌溉工程就是其中之一。直到今天，还有相当数量的古代灌溉工程在持续地为人们提供着生活、灌溉和生态供水服务。现存的古代灌溉工程历经长久考验，没有成为西风残照的废墟，也没有成为书籍中刻板的回忆，而是以与自然融为一体的形态存在，并成为兼具工程价值、科学价值和文化价值的人类文明奇迹。

2014 年，国际灌溉排水委员会（ICID）开始在世界范围内评选收录灌溉工程遗产，旨在挖掘、保护、利用和宣传具有历史意义的灌溉工程所蕴含的自然哲理、科学思想、文化价值和实用价值。从 2014 年至 2020 年，经由中国国家灌排委员会推荐和国际评委会评审，我国有安徽的芍陂、四川的都江堰等二十处具有历史意义的灌溉工程入选世界灌溉工程遗产名录。由此，古老而丰富的中国灌溉工程遗产向世界又开启了一个了解和认识中国文明史的新窗口，让更多的人走进中国悠久而辉煌的水利史，探索这些工程中蕴藏的人与自然和谐相处的理念和古代贤人因势利导的治水智慧和方略。

粮食充裕则天下稳定，人民安居乐业，而灌溉工程正是在洪涝干旱灾害频发的自然环境下保障粮食丰收的关键所在。中国是灌溉文明古国，历朝历代从一国之君到州县官员无不重农桑兴水利，并确立了从中央到民间权、责、利相互结合的灌溉管理制度。农耕文明下的这些灌溉工程及其管理制度和道德约束，为水利发展注入了民族精神，并在历史的长河中衍生出独特的文化和记忆，使得现存的古代灌溉工程在这一独特的文化滋养下世代相传、经久不衰。每一处灌溉工程遗产都是人与自然和谐相处和可持续发展活生生的实证。

中国 5000 年的农耕文明史中，因水资源禀赋和自然环境差异而建造出类型丰富、数量众多的灌溉工程。留存下来的古代灌溉工程得以延续至今，往往缘于这一灌溉工程在规划、选址、选型、建设和管理上的可持续性，随着科技和社会的发展，其功能和效益仍在扩展中。如安徽寿县的芍陂，是我国历史最悠久的大型陂塘蓄水灌溉工程，它始建于战国时期最强盛的楚国，历经 2600 多年后，至今仍灌溉着 67 万亩农田，并成为今天淠史杭灌区的反调节水库。再如有 2270 多年历史的四川都江堰，是世界上年代最久远、仍在发挥作用的无坝引水灌溉工程。留存至今的古代灌溉工程堪称人与自然和谐相处的典范，是可持续发展的活样板。

抛弃历史的前进，终究是无本之木，善于继承方能更好创新发展。在我们拥有先进科学技术的当代，从灌溉工程遗产中汲取经过历史检验的科学理念、智慧和经验，把现代科学技术与经过历史检验的思想和理念相结合，有助于更好地设计和建造人水和谐与可持续发展的灌溉工程。灌溉工程遗产也是重要的文化传承，在灌区现代化建设的过程中应该同时加强对灌溉工程遗产和灌溉文明的保护，让中华大地上美轮美奂的古代灌溉工程和丰富多彩的灌溉文化依然充满生命力，让历史文化在流水潺潺的水渠、在生机勃勃的田野得到永恒延续发展，为我国灌溉文化的生命传承和建设现代化生态灌区注入不竭的动力。

中国水利水电科学研究院原总工程师
2011—2014 年国际灌溉排水委员会第 22 届主席

2023 年 8 月于北京玉渊潭

湖州溇港

前言

　　溇港，是中国太湖滨湖平原地区特有的灌溉排水工程体系，这里多年平均降水量 1200 毫米，由渠道系统、水闸、堤防构成的溇港圩田水利工程体系，具有排水、灌溉和水运的功能。这一工程系统建设始于 2500 年前，开始是在地势低洼濒太湖的地方开挖渠道排水，修筑堤防保护耕地。经过后来持续建设，形成了渠道与自然河流、区间蓄水塘泊连通，并受闸门控制的工程系统。目前湖州是太湖平原溇港唯一完整留存的地区。太湖溇港的农田灌溉面积约 42 万亩（2.8 万公顷），排水面积约 4.4 万公顷，这里气候温暖湿润，作物生长期长，农田常年根据需要通过溇港引水灌溉；每年汛期 6—9 月份溇港水系则以排涝功能为主。溇港的开凿、维护，与土地整治相互促进，使溇港工程体系所在的区域成为水稻重要产区。这里的人们在受堤防保护的土地上种植桑树，在生产粮食的同时大规模饲养桑蚕，使这里成为中国的丝绸之乡。

　　溇港圩田的发展始于大约公元前 3 世纪当时人们在太湖滩涂上的堤防和横塘修筑。由于横塘的兴建，形成了相对独立的圩田区及其灌排沟渠系统。唐宋时期（公元 8 至 11 世纪）在中国南方开始发展起来，在人口压力下，环太湖堤建成，太湖溇港工程体系在这一时期形成，并为区域农业发展奠定基础。元明清时（公元 13 至 19 世纪）由于完善的灌溉和排水体系，这里成为中国主要的粮食和丝绸产区。从公元 10 世纪开始，地方政府参与溇港的管理。地方政府负责工程经费筹集，受益区农民投入劳动力，在政府的组织下参与水道疏浚、堤防维护。这一官民结合的管理体制延续至今。

太湖溇港遗产由四部分组成：太湖堤防工程、溇港塘漾（在耕地之间分布的小塘泊）体系、圩田沟洫体系，以及其他相关遗产（见证溇港历史的古桥、堤岸、桑基圩田等）。湖州境内太湖堤防长度约 65 千米，区域内具有历史价值的溇港横塘包括 3 条横塘、73 条溇港，以横塘为纬、溇港为经的横塘纵溇系统是本项遗产的主体。受益区以水稻种植和蚕桑养殖为主。此外还有横塘纵溇间 16 处湖漾，以及口门、涵闸、斗门等控制工程，其中溇港上的主要控制水闸 23 座。湖漾是横塘纵溇间的面积较大的水域，它们是太湖沿岸重要的水柜与生态湿地。溇港圩田的规模一般在几十亩至千亩左右，各处圩田具有完备的田中水渠、内港、外港及抽水泵站。其他相关水利遗产主要包括溇港上的古桥、各溇港口门附近保留的水神寺庙、与水事活动相关的祭祀活动等。

溇港的延续是以管理做支撑的。最早的溇港由民间自治管理，自公元 10 世纪至今，政府管理起关键作用，并建立起严格的管理制度。历代政府均负责组织溇港、涵闸和骨干渠道的修建和维护，制定规章，工程和灌溉管理则由政府和民间共同参与。民间有疏浚的组织，形成了水利管理与农作制度相结合的生产方式，衍生出特有的民俗如年节庆祝方式、水神崇拜活动等。目前溇港按照河道等级分属省、市、县三级水行政主管部门管理，日常管理维护费用为财政支付。

溇港是我国灌溉工程的典范，从春秋时期创建至今，持续使用 2000 余年，工程布局合理，设计巧妙，至今还大体保持着古代的工程结构，灌溉着太湖地区的广大农田，在促进湖州地区社会发展、经济繁荣和抵御自然灾害方面发挥着不可替代的作用。2000 多年来，通过官方与民间共同管理的模式，溇港发挥着重要的灌溉效益，湖州由此成为具有典型区域特色农耕文化的地区，以水利为中心的社会组织、生产、生活方式，文化传统在灌区延续至今。

作　者

2023 年 10 月

目 录

导　言

　　溇港始建于战国时期（约公元前 400 年），位于今天浙江省湖州市境内。太湖流域水系以太湖为中心分为上游水系和下游水系两部分。上游来水主要有南源的苕溪水系和西源的荆溪水系，下游有三江泄水：吴淞江、东江和娄江，分别从东北、东和东南注入江海。太湖堤形成前，太湖东部、南部没有显著的湖界。南太湖堤至迟于战国开始建设，最后湖堤完成于公元 10 世纪的吴江塘路。在区域行洪、排水、灌溉与水运等多重需求下，临湖滩地与滨湖平原不断扩展，太湖溇港逐步延长和加密，形成了今天平均每 500 ～ 840 米一条溇港的密度。溇港的开凿、维护，与土地整治、农桑的发展相互促进，形成了相对独立的桑基圩堤，圩内形成了独立的灌排体系和农业生产体系。溇港、横塘与圩堤、桑田、鱼塘、湖漾之间的良性互动，造就了区域特有的河湖连通生态体系，清淤、储肥、灌溉、养殖各环节互动，形成了独特的人文和自然环境。溇港这一太湖区域独有的文化遗产见证了 2000 多年区域政治、经济、文化发展的历史。2016 年被列入第三批世界灌溉工程遗产名录。

第一章　湖州溇港与太湖平原

溇港，是中国太湖滨湖平原地区特有的灌溉排水工程体系，这里多年平均降水量 1200 毫米，由渠道系统、水闸、堤防构成的溇港圩田水利工程体系，具有排水、灌溉和水运的功能。这一工程系统建设始于 2500 年前，开始是在地势低洼濒太湖的地方开挖渠道排水，修筑堤防保护耕地。经过后来持续建设，形成了渠道与自然河流、区间蓄水塘泊连通，并受闸门控制的工程系统。目前湖州是太湖平原溇港唯一完整留存的地区。太湖溇港的农田灌溉面积约 42 万亩（2.8 万公顷），排水面约 4.4 万公顷，这里气候温暖湿润，作物生长期长，农田常年根据需要通过溇港引水灌溉；每年汛期 6—9 月份溇港水系则以排涝功能为主。溇港的开凿、维护，与土地整治相互促进，使溇港工程体系所在的区域成为水稻重要产区。这里的人们在受堤防保护的土地上种植桑树，在生产粮食的同时大规模饲养桑蚕，使这里成为中国的丝绸之乡。

第一节　自然地理环境

湖州市位于浙江省北部，太湖南岸，紧邻江苏、安徽省，东经 119°14′—120°29′、北纬 30°22′—31°11′ 之间，东西方向总长为 126 千米，南北方向的宽度则达到 90 千米。目前辖区有德清、长兴、安吉三县以及南浔、吴兴两区，总面积 5817 平方千米。

太湖溇港区域东、北至太湖南岸，南以顿（荻）塘为界，东起江浙两省交界的胡溇，北至长兴斯圻港，西至杭宁高铁线，主要分布于湖州市吴兴区和长兴县，太湖溇港及其受益区的总面积约 440 平方千米，其中农田灌溉面积约 42 万亩（2.8 万公顷），排水面积 4.4 万公顷，所在地区是我国最富庶及文化最繁荣的区域。

一、自然概况

湖州的地形多样，平原地带分布在东部，山地和丘陵分布在西部，故被称作"五山一水四分田"。整个湖州市的地势走向是西南向东北倾斜走向，西部地区山脉较多，西部有天目山脉，地势逶迤，重峦叠嶂，其中海拔超过千米的山峰共计 15 座，最高的山峰是龙王峰，其海拔达 1587 米。东部地区则是平原，平均海拔只有 3 米。

二、山川河流

湖州市地处太湖西南上游，属太湖流域。境内主要有苕溪、杭嘉湖平原和长兴平原三大水系（图 1-1）：其中苕溪水系包括东苕溪、西苕溪，境内流域面积 3090 平方千米；杭嘉湖平原水系属运河水系，总面积 1445 平方千米；长兴水系包括泗安塘、合溪、乌溪三条主要河流，总面积 1283 平方千米。苕溪水系由发源于天目山的东苕溪、西苕溪组成，自西南流向东北，横贯全境，两溪在湖州城郊汇合后注入太湖，是太湖的重要水源。杭嘉湖平原水系由北入太湖溇港群、东入太浦河河网和南排杭州湾河网组成。长兴平原水系由乌溪、合溪、泗安溪3条主要河流组成。东西苕溪及长兴的3条河流由于源短流急，具有山水骤涨骤落的水文特征。每遇大雨或暴雨，山洪怒发，盈川溢谷，奔腾直泻，冲毁田舍；久晴不雨，则溪涧断流，农田龟裂，禾苗枯槁。因而流域所属范围往往非洪即旱。市东南是平原水网地带，横塘纵浦，如蜘蛛网，湖泊荡漾点缀其间，因地势低洼，下游排泄不畅，极易形成内涝或溃害。

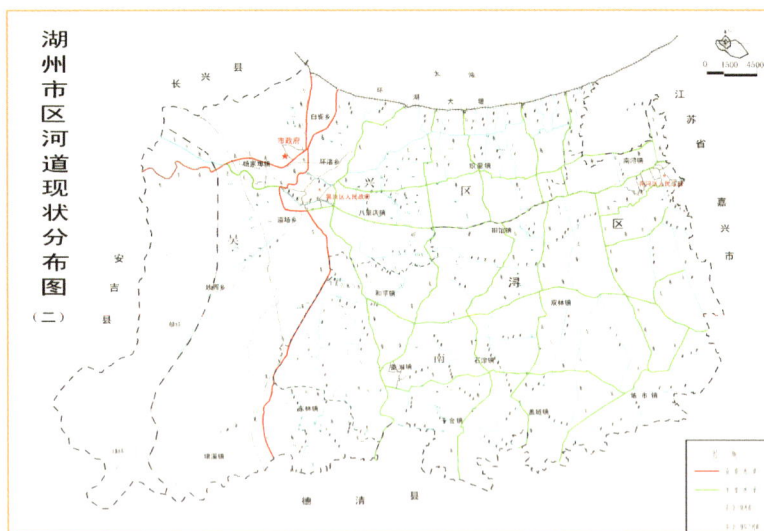

图1-1　溇港所在湖州市水系图

全市现有各类河道7373条，河道总长9380千米，水域面积413平方千米。现已建成小型以上水库156座（其中，大型水库4座，中型水库7座，小型水库145座），万方以上山塘882座，中型以上圩区75个（图1-2）。

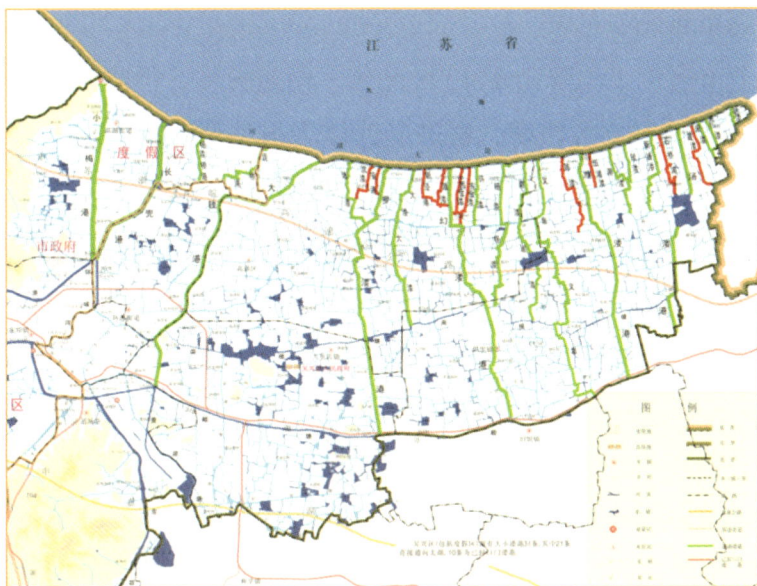

图 1-2   娄港灌溉范围图（2014 年）

三、气象水文

湖州属东北亚热带气候，其特点是：季风气候显著，能够明显区分出一年四季；降水和高温集中于同一季节，水量丰沛、光照充足、气候湿润宜人，并且当地地势有较为明显的起伏，因此具有相对明显的垂直气候特点。7—8 月间受副热带高压控制，常现高温干旱；8—10 月间易受台风影响，经常发生集中暴雨；11 月以后，多西北风，气候相对寒冷干燥。气温平均为 12.2℃～17.3℃；气温最低月为 1 月，平均气温 -0.4℃～5.5℃；气温最高月在 7 月，平均温度 24.4℃～30.8℃。年降水量为 761～1780 毫米，平均一年中的降水天数为 116～156 天，气候相对湿润，年平均相对湿度在 80% 以上。在不同季节风向存在显著的差异，其中冬季多为西南风，而季风的过渡时期 3 月和 9 月

份多为东北风和东风。

全市多年平均降雨量 1398 毫米，雨量充沛，但降雨时空分布不均。4—7 月为梅汛期，易遭受连续降雨洪涝灾害；7—8 月为梅台过渡期，易遭受高温伏旱灾害；8—10 月为台汛期，易发生强风暴雨灾害。由于降水时空间分布不均，加上地形特征、河流特性、人类活动等因素，湖州的水旱灾害频繁。据现有资料统计，湖州自公元前 190 年至 1990 年的 2180 年中，除去唐代以前有 551 年（4 段大的间隔）未查到记载以外，共发生水旱风雹灾害 859 年次，平均每 1.9 年发生一次。其中水灾 454 年次，平均每 3.59 年发生一次；旱灾 265 年次，平均每 6.15 年发生一次；风雹（雪）灾 140 年次，平均每 11.64 年发生一次；有 84 年次既洪涝又干旱，有 27 年次是三灾并发。其中，"99·6·30"洪水是中华人民共和国成立后遭受的最大洪涝灾害，受淹面积 860 平方千米，直接经济损失 64 亿元。

四、溇港与太湖

溇港区域的水利发展与整个太湖的自然地理条件有密不可分的关系。太湖平原形成陆地是在晚更新世末期，到了全新世中期，气候产生了巨大变化，温度上升，同时水平面提高，使得周围的河流汇集到此处，形成了现如今太湖的早期形态。随后湖面积不断扩大，一直持续到宋元以后，该地区形貌逐渐趋于稳定并发展为今天的规模。太湖形成的同时，下游地区的三江也在逐步发展。随着江南地区湖泊的大量出现，古代三江开始束狭乃至淤塞。其中起着决定性作用的是陆地的不等量下沉以及海平面的上升，潮流泥沙物质不断堆积于沿海地区，从而使海岸线不断向外扩展。

继三江中的东江、娄江淤塞后，吴淞江日趋束狭，并出现了湖泊广布的局面。黄浦江最终替代了吴淞江，成为太湖泄水的主流。事实上，江南地区在 13 世纪末出现的水文环境变化的主导原因是海平面的再次下降，可能此时中国的气候正由温暖期转向寒冷阶段，然后过渡到"明清小冰期"。这大概也是吴淞江作为太湖水下泄的主导地位丧失的一个诱因，所以黄浦江取代吴淞江的主流地位并不是偶然的。

在顾炎武（公元 1613—1682 年）生活的时代，太湖的面积大约已有 3.6 万顷，东西广 200 余里，南北袤 120 里，周围则为 500 里，地跨苏、常、嘉、湖四府地界。其水系支脉，向北有百渎，涵盖了应天、常州及镇江诸府之水；向南有诸溇，融汇了宣州、歙、临安等地的水；东有三江，该干道为太湖水下泄入海所用。

但从水流方面来说，太湖的上游主要是由于西部茅山以及天目山等流水进入到荆溪和苕溪，并流入太湖而形成。荆溪，如今被称作南溪，其融合了从宜溧山地和茅山流经的水流，并且一直进入宜兴东部，随后成为 60 余条港渎，经过大浦以及百渎等入口流入太湖。苕溪主要是由东苕溪和西苕溪汇集而成，在流经湖州市时发生分汊，共形成 70 多条溇港，并借助大钱口、小梅口和夹浦口进入到太湖水域。在太湖水中进行下泄的部分，则是通过宿州无锡的胥口、瓜泾口、南库口、大浦口等，而后经过望虞河、胥江、娄江、吴淞江等流入到长江或者是大海。太湖水的水源主要来自西南部，并经过东北部泄入河海，形成了从西南向东北倾斜的水流。但是太湖水相对较浅，因此容易形成风向流。正是基于上述两种湖流的共同作用，湖水形成了逆时针的流带，对西岸和南岸产生相对比较严重的侵蚀，溇港区域产生的治水技术便与此密切相关。

今天的太湖湖区，其总面积可达 3426 平方千米，其中全流域面积 3.6571 万平方千米。太湖周围地区均有相应的水路航道通航。太湖流域地区是全国著名的发达地区，农产丰盛，素称"鱼米之乡"。另外，太湖本身也是一个重要的风景游览区，其流域就是江南典型的水乡地区，生态环境景观与人文社会景观相交错，构成了一个独具韵味的江南水乡。

太湖溇港的起源、发展与特有的自然环境和社会环境密不可分，它的发展进程与太湖流域的农业开发、社会人口，以及当地的经济建设和对该地区的水土治理等存在着极为密切的联系，由此，溇港的历史文化内涵不断丰富发展。同时，溇港的创建使环太湖的肥沃淤滩得到开发利用，元明清时期太湖流域已经成为中国主要粮食产区和纺织品生产地、漕粮的主要输出地，是 13 世纪以后中国经济中心之一。

一、政区与人口

湖州历史悠久，远在新石器时代已有人类繁衍生息。周朝为古三吴地。吴灭后属越。楚灭越，为春申君黄歇封邑，置菰城县。秦代属会稽郡，东汉属吴郡，三国吴置吴兴郡。隋仁寿二年（公元 602 年）始称湖州。元代置湖州路，明洪武二年（公元 1369 年）设湖州府，清袭之，辖区相当于现在湖州市的范围。民国元年（公元 1912 年）废湖州府，隶属浙江省。1949 年后，建立浙江专区，同年设立了嘉兴专区以及嘉兴区，并且在湖州进行治所的设立。1949 年将吴兴县更名为吴兴市，1950 年更名为湖州市。1981 年将吴兴县并入到湖州市中。1983 年撤地建省辖市。目前湖州全市辖德清、长兴、安吉三县和吴兴、南浔两区。

表 1-1　　　　　　　　　湖州政区沿革表

年代	建置	说明
夏 （公元前 21 世纪）		防风氏在今德清县武康境内建国
商 （公元前 12 世纪）	地属勾吴	吴太伯与弟仲雍奔荆蛮，自号"勾吴"
周	太伯开辟吴地，湖州即"三吴"之一	"三吴"指苏州、湖州、吴江
春秋战国 （公元前 248 年）	置菰城县，为春申君封地	因泽多菰草，故名菰城
秦王政二十五年 （公元前 222 年）	于菰城置乌程县	以乌申、程林两家善酿酒而得名
汉高祖十二年 （公元前 195 年）	吴王刘濞封地内	德清县莫干乡境内有刘濞采铜铸钱遗址
三国 （公元 266 年）	孙皓设置吴兴郡	取吴国兴盛之意
隋文帝开皇九年 （公元 589 年）	废郡置州，废乌程、武康、长城（今长兴）等县合置湖州	因滨临太湖而得名
唐武德四年 （公元 621 年）	复置湖州，领乌程一县	
唐武德七年 （公元 624 年）	领乌程、长城、武康三县	
唐天宝元年 （公元 742 年）	改湖州为吴兴郡，改临溪县为德清县	以"德清山"而命名

年代	建置	说明
唐乾元元年（公元758年）	复改吴兴郡为湖州	
宋太平兴国七年（公元982年）	领乌程、归安、长兴、安吉、德清、武康县	乌程县东南十五乡划出，分置归安县，归安县始设于此
元元贞元年（公元1295年）	省下废州，置路，湖州路领一州五县，即长兴州，乌程、归安、安吉、德清、武康县	升长兴县为长兴州
元至正二十六年（公元1366年）	改湖州府，领乌程、归安、德清、武康县	
明洪武二年（公元1369年）	领乌程、归安、德清、武康、安吉、长兴县	复长兴州为长兴县
明正德二年（公元1507年）	领安吉州、孝丰、乌程、归安、长兴、德清、武康县	升安吉县为安吉州，领孝丰一县，仍隶湖州府
清乾隆三十九年（公元1774年）	领乌程、归安、长兴、德清、武康、安吉、孝丰县	改安吉州为安吉县，与孝丰县并属湖州府
民国元年（1912年）	吴兴县	撤道废府，乌程、归安合并为吴兴县
中华人民共和国（1949年4月27日）	湖州解放	
1950年	嘉兴专区辖吴兴、长兴、嘉兴、嘉善、桐乡、崇德、德清、海宁、海盐、平湖县	撤销湖州、嘉兴两市
1951年	恢复湖州市建制	
1953年	嘉兴专区，辖2市17县	安吉、孝丰、武康、昌化、余杭、於潜、临安县划入
1958年	湖州改县属市	
1978年	嘉兴专区更名为嘉兴地区辖10县	地区驻地迁湖州
1979年	恢复湖州市建制	

续表

年代	建置	说明
1981 年	撤销吴兴县并入湖州市	
1983 年	湖州市辖德清、长兴、安吉 3 县，城区、郊区 2 区	撤销嘉兴地区，湖州升地级市
1988 年	辖德清、长兴、安吉 3 县，湖州市直管乡镇	撤销城、郊区建制，实行市直接领导乡镇体制
2003 年	湖州市辖德清、长兴、安吉 3 县，吴兴、南浔两区	撤销城区、南浔、菱湖三区，设立吴兴、南浔两区

同黄河流域比较，该地区出现原始农业的时间并没有落后太多，同时生产技术也不相上下。但是，一直到汉朝，太湖流域的经济文化并没有较大的发展，始终比关中和中原地区落后，其原因可能是当地幅员辽阔但是人员稀少。[①] 根据《汉书·地理志》，汉平帝元始二年（公元 2 年），居住在淮河秦岭以北的人口据统计为 965 万户，在该线以南居住的人口共计 11 万户，南方人口的数量占全国人口总数的 10.31%。随着历史的演变，包括王莽之乱、永嘉之乱以及北宋末年的靖康之难，北方的人员集中向南迁移，才使南方的人口数量得以增加。现将湖州地区历代人口资料列表 1-2 如下：

表 1-2　　　　　　　　西晋至清中期湖州地区人口概况表

时间			户（口）数
朝代年号	年份	公元纪年	
西晋		（公元 265—317 年）	24000
唐	开元中	（公元 713—742 年）中期	61133

---

① 《史记·货殖列传》：楚越之地，地广人希，饭稻羹鱼，或火耕而水耨，果隋蠃蛤，不待贾而足，……以故呰窳偷生，无积聚而多贫。

时间			户（口）数
朝代年号	年份	公元纪年	
宋	元丰初	（公元 1078—1085 年）初期	145112
元	至元二十七年	公元 1290 年	236577
明	洪武二十四年	公元 1391 年	200040
清	康熙二十年	公元 1681 年	（人丁）293168
清	乾隆十一年	公元 1746 年	（人丁）346610

从表 1-2 中，除晋室南渡缺乏资料外，唐开元中户数是西晋的 2 倍还多，宋代元丰初年又是唐开元中期的 2 倍还多。湖州地区行政辖区变化不大，除去自然增殖的因素，安史之乱和靖康之难两次大的北民南移，带来了湖州人口的增长。在元朝之后，太湖地区的人口虽然仍有流动，甚至出现过强制太湖地区的地主、农民到淮北开荒的事件，但是总体上太湖地区的人口开始稳定增长。

二、社会与经济

北方人口的南移，对于太湖地区来说，一方面带来了相应的劳动力，另一方面也将北方较为先进的技术引入太湖地区，除此之外还有大量的财富和各种文化知识。随着几次北民南移，太湖地区的农业生产和经济、文化都相应地得到了很大的发展。晋末的人口流移之后，"自晋氏迁流，迄于太元之世，百许年中，无风尘之警，区域之内，晏如也。……地广野丰，民勤本业，一岁或稔，则数郡忘饥。"到了唐宋时期，社会上逐渐出现了"天上天堂，地下苏杭"的说法，太湖地区在此时一跃成为全国的经济以及文化的中心。赋税方面也有所体现，在安史之乱以后，太湖地区成为全国最为重要的赋税地区。清初人顾炎武引明人丘浚的《大学衍义补》云："韩愈谓赋出天下而江南居十九。以今观之，浙东、西又居江南十九，而苏、松、常、嘉、湖五郡又居两浙十九也。"根据明万历六年（公元 1578 年）的统计，当时全国的夏麦秋粮税约为 26638413 石，苏、松、常、镇与浙江布政司就占了 5505574 石。而按照清嘉庆二十五年（公元 1820 年）的政府统计，江南地区的苏、松、常、太、嘉、湖及杭、镇七府一州的额征米粮为 3148329 石，[①] 所占全国税粮的份额高于明代的一倍。明代有人分析了江南赋税沉重的地区差别，认为江南各府征赋税的高低还与水利有着极为密切的关系。就苏、松、常、镇四府来说，需要交纳赋税最多的当数苏州，松江府次之，并且数量不及苏州的一半，然后是常州，最后才是镇江。出现此类现象也是受到水利建设的影响，镇江府由于地处山地，很少有平原地区，因此水流较少，田地贫瘠，赋税在各府之下。社会生产方面，在明代末江南土地已经开垦殆尽，在田中种植水稻，在土地上种植桑树，在山上种植茶树，并养殖鱼虾，国家对于上述种种均征赋税，因此人与水之间竞争土地是最终会出现的结果。

　　因而水利是太湖地区具有重要意义的社会公共工程。明人指出："天下财赋多仰东南，东南财赋多出吴郡，而吴郡于东南地最下，最多水患……故官多逋负，民多流殍，于是廷臣争言水利。"历史上政府极为重视太湖流域的生产耕作，是因为此地的赋税较重，

----

　　① 嘉庆《重修一统志》卷七十七《苏州府一》、卷八十二《松江府一》、卷八十六《常州府一》、卷九十一《镇江府一》、卷一百三《太仓直隶州一》、卷二百八十三《杭州府一》、卷二百八十七《嘉兴府一》、卷二百八十九《湖州府一》。

国家对江南的赋税征取与当地农田水利发展有很大的关系，说明了水利对江南农业发展的重要性。同时，水利开发、农业发展也带来了商业经济繁荣。

到魏晋南北朝时，在水利建设和农业生产技术提高的共同作用下，吴兴的农业首次勃发，粮食产量有了大幅提高。南朝宋元嘉二十二年（公元 445 年），皇族刘浚在向朝廷的上书中称，吴兴"地沃民阜，一岁称稔，则穰被京城"（此吴兴指吴兴郡）。到了隋唐五代，随着大运河的开凿，吴兴的稻米成为贡品。史载唐武德四年（公元 621 年），乌程县向朝廷进贡的物品中已有糯米。到了南宋时，中国古代的经济重心已基本完成南移，在这一时期，两浙地区占城稻的引进和改良成功，以及稻麦二熟制的形成，使包括现吴兴区在内的湖州粮食产量大幅提升，终成了当时的"天下粮仓"，为此范成大在《吴郡志》中记载了"苏湖熟，天下足"这个谚语。叶绍翁也在《四朝闻见录》乙集《函韩首》中记载，宋宁宗嘉定元年（公元 1208 年），方信孺受命出使金国，对金军元帅说了"浙西十四郡尔，苏湖熟，天下足"的话。因此南宋以降，吴兴可谓"稻米流脂粟米白，公私仓廪俱丰实"，成了国家的重要产粮区。明清时期，包括吴兴在内的湖州府水稻品种已多达 30 多个，其中最有名的品种有"乌香糯""泥里变"和"三穗子"，明末著名科学家徐光启在他编著的《农政全书》中就写道，"其粒大而色白，芒长而熟最早，其色易变，而酿酒最佳，谓之芦黄糯，湖州谓之泥里变""其在湖州，色乌而香者，谓之乌香糯""其在湖州，一穗而三百余粒者，谓之三穗子"。民国时，现吴兴、南浔两区为一个行政区，叫吴兴县。据 1934 年 12 月《浙江省建设月刊》第 8 卷第 6 期中的一篇文章记载，当时吴兴 9

个区皆基本种植水稻，如第一区 6 万余亩耕地中稻就有 4 万亩。中华人民共和国成立以后，吴兴一带的粮食作物也依旧主唱"水稻"歌。1951 年起，中稻改晚稻，籼稻改粳稻，低产作物改高产作物，向双季稻、三熟制发展。因此，吴兴可以说是名副其实的"稻乡"。

2023 年湖州常住人口 343.9 万人。据《2023 年湖州市国民经济和社会发展统计公报》，初步核算 2023 年湖州 GDP 总量迈上 4000 亿台阶，达到 4015.1 亿元，按可比价计算，比上年增长 5.8%。分产业看，第一产业增加值 158.9 亿元，增长 5.0%；第二产业增加值 1978.7 亿元，增长 4.5%；第三产业增加值 1877.5 亿元，增长 7.1%。三次产业增加值结构调整为 4.0∶49.3∶46.7。按常住人口计算的人均 GDP 为 117195 元，增长 5.3%。

第三节　研究现状述评

溇港水利事关国计民生，历代文人、学者，无论位居庙堂还是身处乡野，无不亲历考察，潜心研究，实事求是，直言利害。北宋宝元年间，胡瑗办"湖学"，经学治事并重，明体达用，设立水利专科"水利斋"，首创农田水利技术教学。古代文献方面，东汉之后太湖流域的水利引起广泛关注，奏议、文论、专著颇多，记载太湖流域水情及治理事迹甚为详细，明代以来尤其丰富。

具体到溇港相关记载的史料，国家正史有《宋史·河渠志》《元史·河渠志》《明史·河渠志》《清史稿·河渠志》。水利论著自南朝梁萧统《昭明太子水灾疏》始，至清代为止，溇港相关水利著述大约有五十多种，其中影响力比较大的有：北宋范仲淹《上吕中丞书》《答手诏条陈十事》，郏亶《吴门水利书》，郏侨《论三吴水利》，单锷《吴中水利书》，元代任仁发《浙西水利议答录》，明代伍余福《三吴水利论》，蔡羽《太湖志》，王鏊《震泽编》，归有光《三吴水利录》，清代翁澍《具区志》，金友理《太湖备考》，凌介禧《东南水利略》，王凤生《浙西水利备考》等。在对溇港地区的管理关注方面，古人将重点放在了治理税务、兴建农业等方面，这些水利著述中既有治水议论，也有对水利工程的考察记叙。相关的地方志书以清代为盛，包括《浙江通志·水利》（清代李卫、嵇曾筠等撰）、《具区志》（清代翁澍撰）、《［嘉泰］吴兴志·河渎》、《永乐大典·湖州府六》、《［成化］湖州府志·山川》、《［弘治］湖州府志·山川》、《［万历］湖州府志·山川》、《［崇祯］乌程县志·水利》、《［乾隆］乌程县志·水利》、《［同治］湖州府志·水利》、《［光绪］乌程县志·水利》等。

今人研究太湖水利论著和成果非常丰富，但主要集中在太湖流域治理上下游关系，农田水利建设如圩田、重大工程如海塘的建设等，对溇港水利工程的具体研究比较少见。综合性论著主要有：郑肇经《中国水利史》，其中有专节论述太湖地区的农业灌溉和海塘建设，引述了较多史料。姚汉源《中国水利发展史》和武汉水利电力学院《中国水利史稿》，其中描述太湖流域水利建设的文章有多篇。郑肇经《太湖水利技术史》，详细描绘了太湖水系的历史变迁，以及如何整治圩田、进行运河的开凿和海塘工程方面，同时根据历史记载太湖的水旱变化情况，进行了较为细致翔实的分析。宗菊如、周解清主编的《中国太湖史》和魏嵩山的《太湖流域开发探源》都是研究太湖水利的重要论著。缪启愉《太湖塘浦圩田史研究》总论了历史上太湖地区圩田的发展变化，阐述了太湖来水两大源流苕溪七十四溇和荆溪百渎，因以塘浦圩田为中心，对溇港水利工程及水利遗产相关问题还有待进一步研究。此外，日本学者森田明所著《清代水利史研究》，从溇港的功能及其水利组织组成的角度进行了详细的分析。森田明认为，水利组织受到历史、地域等条件的严格限制，在此基础上才形成各种独特的性质。张芳的《明代太湖地区的治水》指出明代对于太湖治水主要是从三个方面展开的，即在太湖上游减少注入太湖的水量、在中游浚治湖水出口及分流排水、在下游着重疏浚吴淞江这一入海干道并兼顾东北港浦的治理，从系统性与全局性的角度来论述太湖水利的问题。潘清的《明代太湖流域水利建设的阶段及其特点》对太湖流域下游水利建设作了三个阶段的分析，分别阐明其特点，时间上以明代为断，而且几乎没有涉及太湖上游的相关论述。他指出明代太湖流域水利建设的第三个阶段，即在万历至崇祯时期，政府荒怠水利的情况下，地方上已经开始放手民间，秉持着受益者出力的理念进行水利治理，上述方法实际上有较大的合理性与现实意义。清代展开管理湖州府溇港，部分地区沿用了这一举措，并使之完善。尽管褚绍唐对明清时期关于政府与地方控制太湖上游来水的论述也很简单，但至少提出了解决太湖地区的水利问题必须从控制太湖上游的来水和疏通太湖下游的出口这两个方面来展开。

近年来，陆鼎言等对溇港研究着力较多，主要成果有《湖州入湖溇港和塘浦（溇港）圩田系统的研究》，综述和分析了溇港的特点、起源、历代主要整治活动以及设计施工管理等方面主要成就、现代溇港建设的思路及其展望等。研究主要是基于当地实践活动，研究成果对推动溇港水利遗产的认知和保护工作起到了十分积极的作用。

表 1-3　　　　　　　　主要参考地方志

类别/地区	名称	时间	作者
地方志—县志类			
湖州	吴兴掌故集	明嘉靖	徐献忠
	湖州府志	清同治	周学浚等
	长兴县志	1987	谢文柏等
	湖州市志	1990	王克文等
	湖州市志	1991—2005	稽发根等
宜兴	宜兴荆溪县志	清光绪八年	吴景墙等
	宜兴县志	1990	韩霞辉等
吴江	道光吴江县志汇编	清道光	吴江市档案局
	吴江县志	1985	吴江市地方志编纂委员会
地方志—民间专著类			
太湖	太湖备考	清乾隆	金友理
湖州	浙西水利备考	清光绪	王凤生
宜兴	吴中水利书	宋嘉祐	单锷
吴江	吴江水考	明嘉靖	沈启
地方志—水利志等			
太湖	太湖志	2018	水利部太湖流域管理局、《太湖志》编纂委员会
湖州	湖州市水利志	1998	华晓林等
	苕溪运河志	2010	《苕溪运河志》编纂委员会
吴江	吴江县水利志	1985	吴江县水利史志编纂委员会

表 1-4 　　　　　　　　　主要参考近现代专著

地区	名称	时间	作者
太湖	太湖塘浦圩田史研究	1985	缪启愉
	太湖水利技术史	1987	郑肇经
	太湖地区农业史稿	1990	太湖地区农业史研究课题组
	太湖流域开发探源	1993	魏嵩山
	明清江南地区的环境变动与社会控制	2002	冯贤亮
湖州	浙西水利议事会年刊	1919	浙西水利议事会
	吴兴溇港文化史	2013	吴兴区水利局
	浙江河道记及图说	2014	浙江水文化研究教育中心
	近世浙西的环境、水利与社会	2010	冯贤亮
吴江	明代以来太湖南岸乡村的经济与社会变迁——以吴江县为中心	2005	洪璞

表 1-5 　　　　　　　　　主要参考舆图

地区	主要参考舆图	时间	来源
太湖	《太湖全图》	清	《太湖备考》，金友理
	《东南水利七府总图》	清	《吴中水利全书》，张国维
湖州	《长兴县沿湖水口图》	清	《太湖备考》，金友理
	《乌程县沿湖水口图》	清	《太湖备考》，金友理
	《吴兴溇港古地图》	清	《乌程长兴二邑溇港说》
吴江	《吴江县沿湖水口图》	清	《太湖备考》，金友理

第二章　溇港的创建与发展

　　溇港具体是什么时间开始开挖的，文献记载阙如。对溇港地区在发展过程中存在的标志性建筑以及技术进行梳理和分析，将其历史进程划分为三大部分。①始建期：创建于战国（约公元前400年），以太湖堤的开始建设为标志，溇港和横塘的设置，使得该地区能够较为方便地进行湖滩围垦，同时基于横塘纵溇的水网系统，当地的湖滨沙涂地带才能够逐渐开垦为良田。②完善期：中唐至吴越（约公元8—10世纪），北民的南迁给当地带来了较为先进的生产技术，同时人口的增多也为当地进行屯田垦殖提供了可能，使得当地在塘浦工程以及圩田水利方面得到迅速发展，沿湖群众在进行洼地疏水时也挖通了小溇港，使得当地畎浍沟川畅流，堤坝齐整沟渠纵横，水网系统相对完善。③持续发展期：元明清时期（公元14—20世纪初），随着湖田的垦拓，溇港亦逐渐加密，元末明初太湖74溇的基本格局形成，并延续到现在。管理上，地方乡绅在溇港管理中发挥了重要的作用，弥补了政府管理中的一些缺失，或扮演了第三方监管的角色。

　　纵观溇港2000余年的沿革，进行的各次维修和整治都是由于当时社会的政治经济需要。并且，在工程的演变发展过程中，维持这一工程最为核心的因素是官民的协调配合。溇港的延续是以管理作支撑的，自10世纪至今都有严格的管理制度。历代政府均负责组织溇港、涵闸和骨干渠道的修建和维护，制定规章，工程和灌溉管理则由政府和民间共同参与。民间有疏浚的组织，形成了水利管理与农作制度相结合的生产方式，衍生出特有的民俗，如年节庆祝方式、水神崇拜活动等。目前溇港按照河道等级分属省、市、县三级水行政主管部门管理，日常管理维护费用为财政支付。

第一节　始建时期：太湖堤的形成和地区围田的萌芽

见于记载的，晋代始筑颀塘时，就已经有了溇港的开挖。"宋孝宗朝（公元 1163—1189 年）乌程主簿高子润疏乌程 32 溇，达于太湖，复晋宋旧迹。"因此有研究认为溇港始于东晋，包括权威的现代志书。清王凤生《浙西水利备考·乌程长兴二邑溇港说》称湖溇肇始于吴越钱氏。但是基于溇港的功能和创建的目的，溇港的创建应更早。

一、原始开拓时期，沟洫农业催生太湖围田雏形

太湖，古称"具区"，或"震泽""雷泽"等。"泽"指聚水洼地，"具"和"区"均指装水的容器。表明太湖自有记载以来就是一个水草繁茂的低洼汇水之地，而历史上太湖亦有"东南巨浸"之称。太湖地区的原始水利随着原始农业的产生而逐步发展，太湖平原形成后，东部外缘继续不断向外伸展，环湖滩地也在涨塌不定中，并向湖面延伸。在太湖流域，其核心是太湖，其水系分为上游和下游两部分，前者的水源来自南源的苕溪水系和西源的荆溪水系。下游有三江泄水：吴淞江、东江和娄江，分别从东北、东和东南

注入江海。苕溪和荆溪水系，都具有源短流急的山溪型河流的水文特性。太湖地区一般具有水高田低的特殊地势，集水量大，地下水位高，因此很容易出现洪涝问题。基于上述前提，必须兴建相应的水利设施，同时做好维护，确保农业丰收。古代劳动人民针对这一特点，在苕溪和荆溪的尾闾，开挖"横塘纵溇"，统称为"溇港"，急流缓受，充分利用水利资源，消除旱涝灾害。

"春秋时，吴筑固城为濑渚邑，因筑圩附于城，为吴之沃土。"高淳固城一带是吴国对付楚国的军事重地，吴国在这一带筑城备楚，并附城筑堤围湖进行军事屯垦是很可能而且必要的。考古发现，2500年前，良渚文化以及湖熟文化的农业发展较为迅速，并且有大量的遗址在太湖地区，能够说明在春秋末期，吴越水利工事已经有迅速的发展。依据地貌发育和地形条件，当时太湖下游成陆已久，并且有"三江"泄水，某些浮涨较高的地区，可能已经成为季节性的浅水洼地或者浅滩，四面围筑起来，面向浅滩开展水土斗争，开河筑坝，应是不可少的设施。

二、春秋战国至秦汉，筑堤隔水开河筑"塘"

公元前473年至公元前221年秦国大一统时期，越国灭吴，楚国又灭越，出于军事需要，各国在领地内开河筑塘，修筑了胥浦、百尺渎、胥塘、蠡塘等人工运河和水利设施，并进行了一系列筑堤隔水和开河清淤工程，为太湖地区围田的大范围开垦奠定了基础。

秦时，太湖东部地区围田分布以苏州为中心，并从苏州北部和西部扩展到东南方向的湖洼沼泽地，加之秦代在太湖东南地区大修由嘉兴通至钱塘江的水陆并行的道路——"陵水道"，促使苏州东南方向的湖荡浅沼区进一步出现了"肥饶水绝的稻田三百顷"。而湖西和浙西一带以胥塘和蠡塘为中心，农耕活动也逐步从天目山山脚等丘陵高地向环太湖平原低地推进。西汉时期，湖州地区塘路的修建及农业开垦集中于长兴地区，东汉后才逐渐转移至湖州东部的吴兴（乌程）一带。"塘"与"陵水道"一样为水路并行的道路，后世明代永乐年间《永乐大典》引《吴兴志》载"凡名塘，皆以水左右通陆路也"。此外，"塘"还兼具灌溉农田和抵御太湖水的功能。例如公元 2 年，吴人皋伯为抵御太湖之水，在今长兴县东北修筑皋塘，又如黄向在乌程县西南修筑黄浦以溉田。

三、三国两晋：人口迁移与塘路、围田范围的扩大

三国时期，太湖地区一直归属于孙权政权。公元 234 年，东吴孙权将山越之民迁移到太湖平原地区并编入屯田户，杭嘉湖平原一带出现了"屯营栉比，廨署棋布"的景象，与水争地成为必然。此外，长兴地区的太湖堤岸得到重修，吴兴至长兴之间也修筑青塘，以御太湖之水而卫农田。彼时，浙西和杭嘉湖区域的围田进一步向环太湖平原的沼泽低地处扩散推进。公元 265 年，西晋灭孙吴，建立起三国之后的统一王朝，使得大量中原人口南移。据估算，自汉末至东晋，南移人口总数在百万以上，越发促进了太湖环湖低地水土资源的利用和开发。吴兴和长兴地区在魏晋南北朝期间，共开挖修筑了漕渎、荻塘、谢塘等 5 条塘路，其中荻塘长 125 里，集防洪、通航和农田灌溉为一体，并在历代不断的重开修筑中发展为湖州地区最为重要的横塘河。至唐朝初期，自浙江长兴向东至江苏苏州一带的横塘开筑、太湖堤岸修筑等水利工程逐渐完善，

环太湖平原地带的圩田开垦范围进一步扩大。

因此，溇港的创建，应与春秋时期太湖堤防建设同步，是区域环境改善和农业开发的基础。环湖湖堤的修筑，将太湖和湖外的广大地区隔开，为堤外塘浦圩田的开拓创造了条件，同时也促进了环湖滩地的淤涨。太湖沿湖堤岸的修筑，最早记载见于长兴，范蠡所筑蠡塘①。此后又有西汉末元始二年（公元2年）皋伯通在长兴县东北二十五里筑皋塘，吴国孙休在位时（公元258—264年）筑青塘，自吴兴城北迎禧门外西抵长兴为长堤数十里，来保卫沿堤的良田。经过陆续的修筑，长兴的沿湖横塘逐渐形成。当然这些塘河不等于现在吴兴小梅港以西至长兴北夹浦的横港，但能说明历代都在自吴兴西北向长兴以北沿湖修筑横塘，以利湖区平原的开发。而且吴兴西南及长兴西北多山，所以沿湖地带的开发，吴兴以西较早于以东。吴兴东部的塘岸，其最西到达吴兴城，东达平望镇，最早兴建于晋，由于当地芦荻较多，因此曾经将此地命名为荻塘。随后经过四次重新修整，到唐贞元年间（公元785—805年）于頔号召民力进行进一步修筑，使得其上能够驰行马匹，岸边绿树成荫，因而更加稳固，将其改名为頔塘，即今頔塘。修筑太湖堤岸时，即已有溇港。"塘"在太湖低洼地区，既是堤岸，同时也是河港。作为太湖二大源流的西南部的东西二苕溪和西部的荆溪，都具有源短流急的山溪水的特点。古代劳动人民在太湖的南岸地区进行了堤岸和横塘的开凿建设，同时又于横塘和太湖间挖筑了多个纵向的小渠，将其称为"溇"或"港"或"渎"，

---

① 《永乐大典》卷二千二百七十六"塘"引《吴兴志》："蠡塘在长兴县东三十五里，《山墟名》云：'昔越相范蠡所筑'。"

横向的称为"横塘"或"横港"。具体作用有三：一是扩散山洪激流，由纵溇分疏入湖，消除涝灾；二是接济横塘水源，以利航运；三是横塘潴水，纵溇引水，以资灌溉。

横塘与溇港有着相辅相成的关系，横塘的加挖反映了溇港圩田的发展。"宋孝宗朝（公元 1163—1189 年）乌程主簿高子润疏乌程 32 溇，达于太湖，复晋宋旧迹。"由此可以看出，溇港的开挖要早于顿塘的建设，并且从另一角度说明，顿塘位于湖滩中。在初筑横塘时，湖滩离湖不远，但淤滩在坍涨不定的过程中逐渐外伸，茭芦地也逐渐开辟为水稻田，为了满足湖田的排灌和航运需要，溇港也就逐渐延长并逐步加密，最后密到相隔一二里就有一条。事实上每当冬疏溇港之时，常须在湖水浅涸露出的浅滩上预抽深沟以达湖水深处，以利于排灌，湖溇的外伸，实际上已孕育于岁修工事中。但湖溇外伸过长，不利于水利效益的发挥，也不利于区间运输，势必在纵溇之间加挖横塘，以资连贯。愈往外伸，横塘也愈多。淤淀的速度不平衡，高程起伏亦不一，加上人为的活动，因此在横塘纵溇之间又分布着若干湖漾，对湖溇圩田起着滞洪排灌的调节作用（图 2-1）。

基于横塘和溇港的建设和布置，围垦湖滩有了更为有利的条件。基于横塘纵溇的设计使得湖周边地区能够得到开发利用，进而实现农业种植的极佳选择，并且进一步形成"湖溇圩田系统"，这也是古代劳动人民根据当地特色进行改造建设的创举。"历考往迹以相印证……五代吴越以后无不以导水入湖，保卫农田为亟。"到了五代吴越以后，太湖以南诸溇港已经成了杭嘉湖平原和东西苕溪北排入太湖的主要通道（图 2-2）。

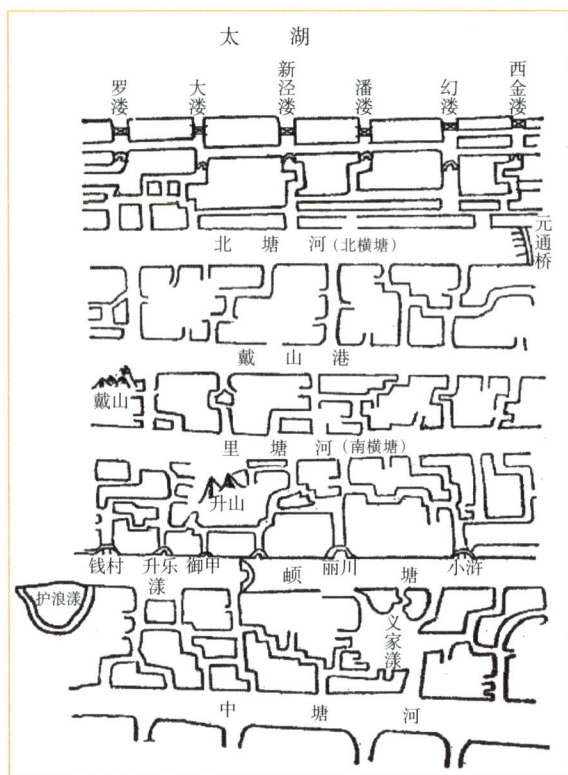

图 2-1　溇港横塘布置示意图

图 2-2　唐宋时期太湖南岸溇港示意图（参照湖州市地名志领导小组编：《浙江省湖州市地名志》之《湖州市水系图》，1982 年 12 月。系以此为底图改绘。）

第二节　完善时期：中唐至吴越（约公元 8—10 世纪）

在经历了安史之乱后，北方有大量的民众和士官开始向南迁移，一方面使得南方的人口激增，另一方面则为当地带来了较为先进的生产技术。随着南方地区人口不断增加，人们逐渐开始屯田垦殖，太湖地区的塘浦工程和圩田水利均得到较为迅速的发展，周围群众为了能够使洼地的积水较快疏干，进行了溇港的开凿。随着建设的进行，太湖由原本一片浩渺的景象逐渐形成沟渠堤路平整、较为系统完善的圩田模式，湖州以及太湖周边地区逐渐成为极为富庶的地区。

一、太湖环线主要横塘的基本建成

唐朝时环太湖沿线的主要横塘已基本建成。湖州地区的荻塘始筑于晋，因其两岸多芦荻而名，史料中多载"晋殷康所开，旁溉田千余顷"。唐贞元年间由湖州刺史于頔重建后，始称"頔塘"。頔塘自唐开元十一年（公元 723 年）至唐中和元年（公元 881 年）历经 4 次重开疏浚，使得"使乌程所受诸水可由荻塘而出"，并引导东、西苕溪水在湖州城合流后既可北排入太湖，也可东行至平望。除頔塘外，唐元和五年（公元 810 年）苏州刺史王仲舒修筑"吴江塘路"，使得苏州至平望间连成陆路驿道并便于漕运牵挽。

自春秋末期直至晋唐（公元前 519—前 907 年），太湖流域以屯田为契机，塘浦溇港修筑和短程运河开挖从未间断。"或五里、七里而为一纵浦，又七里或十里而为一横塘，因塘浦之土以为堤岸，使塘浦阔深，堤岸高厚，则水不能为害，而可使趋于江也。"湖

州及周边地区继续修塘建溇，围田筑圩。唐开元十一年（公元723年）乌程县令严谋达、广德年间（公元763—764年）湖州刺史卢幼对荻塘进行了修缮。为了防止太湖洪水可能造成的侵害，湖州刺史于頔则对荻塘进行了较为彻底的整修，使其厚度增加，同时也使其更加巩固，为了对其表示敬重，民众将此塘更名为頔塘。贞元十三年（公元797年）于頔又对已经出现淤积长期废弃的长兴西湖进行了修缮。随后元和中（公元809年前后）至开成三年（公元838年），湖州刺史范传正、崔元亮、杨汉公等对官池、官河和頔塘进行挖掘和修复，对凌波塘、吴兴塘以及洪城塘等河道进行了开发。太湖的东南地区也经由苏州刺史王仲舒进行修剪，形成了与頔塘相接同时从平望直至苏州的塘堤，称为吴江塘路。至此，太湖南岸和东岸的湖堤相互连接，湖水漫溢的情况得到改善，促进了当地对沼泽地带的开发，使得围垦开发的速度加快，并且相关溇港圩田系统的出现使得当地的水陆交通也更为顺畅。

二、太湖堤岸堆筑与沿湖溇港的开挖

唐中叶时，浙江湖州吴兴至江苏苏州横塘湖堤已全线接通，而太湖湖岸的堆筑形成起源于横塘外泥沙的沉积发育和溇港的开挖。具体而言，泥沙堆积成沙洲滩地后势必带来开垦，这个过程伴随着水流的处理，那么就需要在湖岸至横塘间的泥沙中开挖小型沟渠进行排水，这也就是溇港的雏形。塘外泥沙沉积越多，土地开垦越成熟，太湖湖岸也愈加向外迁移。最终，横塘从濒临太湖演变为远离湖岸，溇港也延伸变长，简单的"横塘纵溇"水系格局由此建立。唐中叶后，钱塘江至吴淞江海塘系统的形成，也为太湖沿湖低地的利用开发创造了有利条件。

经过有规划的整治、修筑之后，当地形成了河渠交错纵横的场景，太湖地区对于水土资源的开发利用也上升到一个全新的阶段。由此，当地的农业开始迅猛发展，很快就超越了中原地区，经济文化达到鼎盛时期。唐代中期以后，藩镇割据北方，对于南方地区，有说法称"天下大计，仰于东南"，统治者对太湖流域和江南地区的经济发展给予更大的重视。随着经济重心的改变，太湖流域成为全国最为富裕的地区。到了吴越时期，"岁多丰稔""境内丰阜"，此时太湖的农业发展极盛，这与当时塘浦圩田的发展是分不开的。

为解决太湖南岸围垦过程中出现的洪涝问题，当地开始加快溇港的建设，同时增加了溇港的密度，逐渐形成"位位相接"的"纵溇横塘"的纵横交错的溇港圩田系统。唐朝末期时太湖地区的塘溇体系在地表形态上刚刚成形，在水利功能运作上则处于初始阶段，而其孕育下的溇港圩田已然萌芽。唐广德年间，大理评事朱自勉主持嘉兴屯田，并创"畎距于沟，沟达于川"之制以畅通水系。唐中叶后，太湖下游地区又设置了三大屯田区，大规模地开展治水治田活动，最后在环太湖地区初步形成"畎距于沟，沟达于川……浩浩其流，乃与湖连；上则有涂，中亦有船。旱则溉之，水则泄焉。曰雨曰霁，以沟为天"的沟洫农业系统。换言之，此时的溇港圩田连通沟渠、河流和湖泊，水陆交通兼备并且可调蓄水流应对旱涝，较于太湖初期的沟洫农业，尺度范围更大、功能也更为全面。为了使溇港能够得到疏浚，唐天祐元年（公元904年）在太湖流域设立了相应的都水营田使，并且第一次配置了撩浅军上万人，主要是协助进行浚河、筑堤以及日常的维护管理，并任命重臣对河道溇港加以疏通，进行相关管理，从而使溇港的养护得到了制度化的管理。南宋淳熙十五年（公元 1188 年），湖州知事赵思鉴于通太湖之二十一浦溇淤高，派员查看并组织疏浚所有浦溇。绍熙二年（公元 1191 年），湖州知事王回修三十六溇港，改溇名二十七，曰："丰、登、稔、熟、康、宁、安、乐、瑞、庆、福、禧、和、裕、阜、通、惠、泽、吉、利、泰、兴、富、足、固、益、济，皆冠以常字。"同年，长兴县修治溇港 34 条。

基于当时的社会背景，对于棉麻丝织以及鱼类产品要求颇盛，因此，政府鼓励建设"桑基圩田"和"桑基鱼塘"。为了使废弃的土地能够得到妥善处理，民众将其作为堤坝堆积在岸边，同时在地势较高以及较为肥沃的岛屿中种植水稻，河堤种植桑树，在圩内较为低洼的地段进行鱼类的养殖，逐渐形成了能够促进经济发展、符合生态农业的"桑基圩田"和"桑基鱼塘"，对太湖地区的渔业、蚕桑业以及丝绸业的发展起到了相应的促进作用。至今，南浔区菱湖镇还保留了 17 万亩桑基鱼塘。

至五代吴越时期（公元 907—978 年），随着屯田事业的发展，对于撩浅军的养护以及管理的制度逐渐趋于完善，同时对于当地的治理也逐渐确定了将治水和治理稻田相结合，并且通过治水为治田提供相应的服务，最终使得当地的患害情况减少。在当时，太湖流域的屯田事业发展兴盛，并且当时国家推行屯田营田制度，土地归国家所有，因此能够集中进行处置，有利于进行大规模的规划，建设大型农田水利。因为都是国家牵头并以军屯战士为主力军，所以圩田规模很大。范仲淹说："每一圩，方数十里，如大城。"假设按照五里七里一纵浦、七里十里一横塘的规模进行计算，则每圩的面积约在 1.3 万至 2.6 万亩左右，并且在屯区有较为严密的组织形式，"有诛赏之政驭其众，有教令之法颁于时"，继而形成当时世界罕见的溇港圩田系统。

三、两宋时期，塘溇体系进一步完善

自北宋开始，太湖地区的历史文献记载中开始出现有明确数量及名称，并呈现出一定规模体系的溇港群体，并且随着五代之后军屯制度的废除，太湖各溇港地区开始在原有的规模基础上通过增开多条次级溇港和横塘、减小溇港间距等方式对圩田进行二次划分，以此调整农田尺度及耕作范围。塘溇体系逐渐成熟定型。

在五代后，人口数量逐渐增加，出现了权贵豪绅侵占湖田的情况，太湖流域逐渐形成了较为激烈的矛盾。到了北宋时期，屯田屯政开始变得空有其名，同时水利的重点放在了漕运方面；"都水营田使"也开始被"转运使"替代，因此治田出现了较为分割的情况，对水田的养护管理作用逐渐丧失。南宋《［嘉泰］吴兴志》曾列述了由吴越钱氏开挖修建的乔溇、新浦、义皋溇等溇港的具体位置，并且以溇港作为重要建筑物的描述方位，说明已经出现稳定形成并发挥水利作用的溇港。公元915年时钱氏利用湖州溇港水路窄小而使用小舟，迫使敌军的"危樯巨舰"停于湖岸之外，并被小舟包围以"火油焚之"。这说明湖州当时的太湖湖岸是一条能攻能守的水上防线，必然开挖修筑了多条溇港以利于大量钱氏水军战舰的同时进出，而修筑沿湖堤岸也是对外防御的必备条件。并且塘溇体系承担着军队屯垦的重要责任，清代《捍海塘志》记述道："五代钱王沿塘以置泾，由泾以通港。使塘以行水，泾以均水，塍以御水，脉络贯通，纵横分布，旱潦有备，仿佛井田遗象。"这些迹象都说明，吴越时期太湖地区溇港的开挖及疏浚

投入了大量的人力物力，促进了塘溇体系和溇港圩田的规模扩张和系统完善，并为后代建设奠定了扎实基础。虽然也有相应的营兵设置，但是朝廷将关注点放在漕运和军需提供方面，因此只注重漕路的维修，而对于水利和溇港的投入逐渐减少。此时漕运相对便捷，故端拱年间转运使乔维岳提出"不究堤岸堰闸之制，与夫沟洫畎浍之利"，对于可能对漕运产生影响的堤岸和堰闸加以废止。其中能够形成溇港系统以及维持当地水利功能的关键是筑底、建闸和浚河，一旦对其进行损毁或者是废止，都会使相应的河网失去控制。而为了能够使漕粮的运输更加方便，在庆历二年（公元 1042 年），朝廷在吴淞江以及太湖之间建筑了长堤，有文描述为"横截数十里，以益漕运"。随后在吴淞江的进水口设置千余石柱，修建吴江长桥。虽然上述设施的建立是基于当时的社会背景，也是社会需求下的产物，但是对湖水的下泄产生了不同程度的阻碍，使得河港的淤积更为严重。一旦堤坝损毁，水流不受控制，溇港系统势必受到影响，并且会不断衰败。但是由于当时社会的小农经济限制、豪绅强行阻止以及战事频频出现，政府难以对农田的水利兴建投入大量的资金和物力，因此原本将塘浦作为界限、溇港交错的大圩古制最终瓦解为分散的民修小圩。塘浦圩田系统也分崩瓦解为"围田相望，皆千百亩"的小格局。而太湖南岸的溇港圩田由于规模本来就不大，能够适应生产方式的转变，反而得到延续。

此阶段相关水利配备设施也逐渐完善，开展了一定制度下塘溇湖闸的疏浚及管理。《永乐大典》中《湖州府六》载，明代时发现刻有北宋"元丰"年号的旧闸，表明北宋时湖州塘溇体系已配备了斗门、水闸、湖堤等水利设施，还设置有相应官职进行水闸启闭和船只停泊的管理。北宋时期官方还设置了水则碑，用以丈量和保护浙西诸县的蓄水灌溉和通舟楫的陂湖、沟港、泾浜和湖泺，且相应的溇港管理也从上至下与聚落层面展开合作。据《修湖溇记》载，南宋绍兴二年（公元1132年），知州事王回在吴兴修溇置闸，"桥闸覆柱皆易以石，其闸钥付近溇多田之家"。

第三节　元明清时期：持续发展期
（公元14—20世纪初）

随着湖田的垦拓，溇港亦逐渐加密，发展到元末明初，长兴有25港，吴兴有38溇，后来长兴增加到36港，此后虽又略有增减，但一般仍以"长兴三十六港，吴兴三十八溇"为名，总称74溇。胡溇至小梅口属吴兴，蔡浦至斯圻港属长兴。溇港的格局基本延续至今（图2-3）。

图2-3　清代太湖溇港图（公元1758年）

元代时，环湖地区除大钱港等 5 处溇港由于水势深阔难以立闸外，其余溇港均已设闸。并且溇港数量与两宋时期记载相符：宜兴地区有港渎 49 条，长兴地区有溇港 25 条，吴兴地区有溇港 26 条，吴江地区有溇港 9 条。

明中叶时长兴溇港增加至 34 条，吴兴增加至 39 条，并且河道宽窄及通塞情形不一。伍余福在深入湖州境内调研后评价，"大者如溪河，小者如石涧，塞者如陆沈，通者如神濮"，溇港外湖滩地也因农业获利而得到开发，有"桑麻芦苇之类以扼其流，而民之利其业者，又惮于疏浚"。表明在明代时"湖州七十三溇"的塘溇水系格局已经形成。

清代时，宜兴"荆溪百渎""湖州七十三溇""震泽七十二港"及"吴江十八港"在明代基本形成的基础上，历经多次溇港疏浚、横塘塘岸修筑、闸门重建、管理制度提升等多项举措后日益成熟，并逐渐定型成今天我们所广泛讨论的太湖地区"横塘纵溇"水系格局。

明清时期将溇港水利的重要性提到了非常高的地位。嘉靖时人徐献忠所言，湖州处"泽国上游"，地方大政莫重于水利。溇港的功能在国家重典中也得到了肯定，"（同治）五年（公元 1866 年），御史王书瑞言，浙江水利，海塘而外，又有溇港。乌程有三十九溇，长兴有三十四溇。自逆匪窜扰后，泥沙堆积，溇口淤阻，请设法开浚。又言苏、松诸郡与杭、嘉、湖异派同归，湖州处上游之最要，苏、松等郡处下游之最要。上游阻塞，则害在湖州，下游阻塞，则害在苏、松，并害及杭、嘉、湖。请饬江苏一并勘治。从之。"将溇港功用与海塘并提。

湖州 36 溇港中，作为湖州府境诸水入太湖的最大港口，大钱、小梅的地位十分重要。在乌程县境内，小梅港地处城北 18 里的太湖之滨，有小梅山，山西的坍缺港石塘属长兴县。自小梅口迤东为西金港、顾家港、官渎港、张婆港、宣家港、宿渎港、杨渎港、泥桥港、寺桥港，共 9 港。再往东，就是大钱湖口。自此迤东为计家港（一作纪家港）、诸溇、沈溇、安溇、罗溇、大溇、新泾溇（一作新泾港）、潘溇、幻河溇（一作幻湖溇，一作幻溇，光绪时称夏溇）、西金溇、东金溇、许溇、杨溇、谢溇、义高溇（一作义皋溇）、陈溇、濮溇、伍浦溇、蒋溇、钱溇、新浦溇、石桥溇（光绪时称石桥浦）、汤溇、晟溇（一作盛溇）、宋溇、乔溇、胡溇，共 27 溇。每条溇港都设有闸门，但发展到明代则是"久废不闸"。

　　明初对溇港复兴政策的重要一环，是将元末荒废混乱的溇港机能和各种水利设施重新复旧，同时，地方官着手恢复和浚治疏通工作[①]。关于溇港的疏导情况，撰于明初的《吴兴续志》指出：在乌程、长兴两县沿太湖地带的堤防本有许多溇港，设有斗门，依照灾时旱涝情况以作"闭泄"之用，但近世以来，"渐就堙废"。在洪武十年（公元 1377 年）春天，通判蒋忠重新加以疏导，结果"民甚便之"。当年领导疏通溇港的，主要是乌程县主簿王福与典史姚华轻。在洪武二十八年（公元 1395 年），中央下令派遣国子监生及人才到地方上去，"督吏民修治水利"。当年，王福再次浚治了 36 溇[②]，并设有浚溇之制。每溇有役夫 10 名守御，每年

---

　　① 据光绪《乌程县志》卷二六《水利》，从宋经元到明的主要修筑和开浚工作中，表明县丞、主簿、典史、水利通判、水利郎中、知县等都倡导这种行为。

　　② 《永乐大典》卷二二八〇《湖州府六》引；《明太祖实录》卷二三四，"洪武二十七年八月乙亥"条；［清］金友理：《太湖备考》卷三《水治》。

拨 1000 户挖去淤泥，以通水利，便舟楫往来。长兴溇港也按此制管理修浚。成化十年（公元 1474 年），湖州水利通判李智主持重浚溇港 38 条。成化十七年（公元 1481 年），乌程典史姚章复浚泥桥港、潘溇、新浦等溇港，并浚沿湖各淤溇口。弘治七年（公元 1494 年），长兴重浚 34 溇港。弘治八年（公元 1495 年），朝廷特派遣工部侍郎徐贯开浚各溇港。正德十六年（公元 1521 年），浚治大钱、小梅等溇港 72 条，使"上源下委递相容泄"。嘉靖元年（公元 1522 年），水利郎中颜如环督理湖州同知徐鸾开浚大钱港等沿湖 72 溇港。嘉靖十七年（公元 1538 年），安吉州同知贺恩（代长兴知县）疏浚徐溇 140 丈。万历四十二年（公元 1614 年），乌程知县曾国祯亲自踏勘湖州水利，令有田之家照亩分派，富者出银，贫者出力，疏浚杨溇等 19 处溇港。

洪武年间对于溇港管理的另一重要方面，是设立了专门的制度和措施。乌程县 36 溇与长兴县的 36 溇都有规定，每溇有固定的"役夫"10 名，工具方面有铁钯 10 把，还配备"箕箒"，同时每年在守御所中拨一千户进行管理。主要工作仍然是"去淤泥以通水利"，而不单单是为了舟船往来的便利。

就明初来说，政府对于溇港的管理及组织是比较重视的，而且已将管理与徭役体制联系在一起。当时姚文灏创下的一些制度与措施，对于后世产生了较大的影响。其中之一，就是照田派夫出力修治水利之法。在水利方面，"照田拨夫，照夫分工，大户出食，小户出力"的方法无论是对政府还是民间，都堪称"良法"。这一方面减轻了政府的负担，另一方面还解决了劳力支度问题。其间最为成功的，则是让大户"出食"，做到这一点是完成劳力负担举措的关键。

但是到了明代后期，这种管理举措发生了变化。万历四十二年（公元 1614 年），乌程知县曾国祯按照巡按李御史的要求，对此地的溇港水利进行了详尽勘察。由于苕溪流域"水多歧出"，不仅是"漕艘之所经"的冲要，也是农田"备旱涝"的依靠，众水归会之所最为吃紧处仍在 36 溇港。曾指出，除了陈溇等 17 个港尚属深阔、不必修议外，其他如杨溇等 19 个港，按照"照亩科派"，具体来说就是"主者出银、贫者出力"，钱数相对较多的就以"钱"作为单位计，而数值较少的则是按照"分"加以计算。由此开始了"疏浚通流"的工作，陆续完成"筑崩补坏"的作业。就当时实际情况看，其效用并不大。① 但在制度上，溇港的浚治作业已经发生了从劳力负担为主向"照亩科派"的重大转变。这一转变事实，也已由滨岛敦俊先生在考察江南水利之后得出相应结论。同时在万历年间，水利的劳动力负担也有所改变，"田头"制改变为"照亩派役"制，基于此，水利工事则是佃户付出相应的劳动力，地主提供资金，并且阶级关系进一步清晰。在溇港管理中，这种"富者出银、贫者出力"与"照亩科派"制度间所对应的阶级关系已经十分明显，"照亩科派"已成事实。

在康熙四十七年（公元 1708 年），政府发帑币"度地建闸"，开展疏浚支河港荡的工作。巡抚王然委派湖州知府章绍圣负责疏浚各溇港，要求必须达到全部"深通"。除大钱、小梅二港因需通行舟船不应建闸外，其他溇港都建有小闸一所，按时启闭，"以备旱涝"。雍正五年（公元 1727 年）二月初二日，巡抚陈时夏会

---

① 崇祯《乌程县志》卷二《溇港》原文中"主者出银，贫者出力"，据前后文意，似应为"富者出银，贫者出力"。

同钦差李淑德、陈世倌奉旨踏勘沿湖各溇，疏浚溇港。雍正六年（公元1728年）湖州知府唐绍祖疏浚溇港。雍正七年（公元1729年），湖州知府唐绍祖于三月初七日呈报乌程县开浚溇港27条、长兴县23条，并湖边石塘1条。同年，乌程县薛景钰就疏浚溇港呈请动支库银兴工。到雍正八年（公元1730年），总督李卫又委派湖协守备范宗尧、湖州知府唐绍祖发下帑银1465两，修浚大钱、小梅的石塘及各港闸门。这一工作使康熙年间的溇港管理得到了稳定持续，从中也可发现明末以来"照亩科派"的管理形态在清代前期所产生的一些基本变化；由于康、雍时期国家财政相对稳定，地方官府已协力开展对溇港的管理，在经费组织上主要依靠帑银来完成修浚工作。这段时间是溇港管理组织方面最为安定的时期。

乾隆八年（公元1743年），开浚乌程36溇港。乾隆二十七年（公元1762年），湖州知府李堂奉命开浚乌程、长兴两县溇港64条。乾隆年间（公元1736—1795年），长兴县令谭绍基开长兴境内溇港64条。嘉庆元年（公元1796年），湖州知府善庆主持疏浚溇港64条。道光九年（公元1829年），湖州知府吴其泰受命主持开浚乌程36溇、长兴22港及碧浪湖，共开土方426480方（每方为鲁班尺纵横1丈，深1尺，下同）。同治五年（公元1866年），湖州郡绅沈丙莹、钮皆福等禀请浙江巡抚马新贻筹款开浚乌程、长兴两县溇港与有关塘河，其中乌程31处，至同治八年（公元1869年）竣工。同治九年（公元1870年），湖州知府宗源瀚、郡绅陆心源等主持开浚寺桥（北门）、泥桥、杨渎、宿渎、宣家、张婆、管渎、顾家、西山、诸、沈等溇港，共开土方57148方。各溇口门之直者改曲，向西北者改向东北（为防冬季太湖西北风倒灌淤积）。同治十年（公元 1871 年），湖州知府宗源瀚、郡绅陆心源等主持开浚安港、罗溇、大溇、新泾港、潘溇、幻溇、西金溇、东金溇、许溇、谢溇、义皋、陈溇、濮溇、伍浦、蒋溇、钱溇、新浦、石桥浦、汤溇、晟溇、宋溇、乔溇等 22 溇港并溇口撩浅，共开土 66005 方，翌年三月竣工。同治十一年（公元 1872 年），开浚北塘河 402 段（鲁班尺十丈为一段），翌年竣工，共挖土方 63480 方。其经费俱由丝捐、绸捐拨款，共钱13900 千文。同治十三年（公元 1874 年），除各溇小修外，有胡溇、乔溇、宋溇、晟溇、汤溇、石桥浦等 6 溇港进行大修。光绪元年（公元 1875 年），疏浚西山、顾家、管渎、张家（张婆）、宣家、宿渎等 6 溇港。

康熙十年（公元 1671 年）、四十六年（公元 1707 年），雍正五年（公元 1727 年），乾隆四年（公元 1739 年）、二十七年（公元 1762 年），都修浚过碧浪湖及诸溇港，并建立了"闸座"。但在以后，碧浪湖"沙涨成洲"，而各溇港"淤阻特甚"，一遇大水，即泛滥成灾。由此可以推定，在乾隆以后，特别是在嘉庆、道光以后，社会在经济政治层面出现了较大的改变，国家的控制力也不如从前，并且溇港的管理也日渐荒废。道光年间的几次水灾，使溇港慢慢淤塞。地方上对于道光三年（公元 1823 年）的大水灾表现出了极大的忧虑。当时为疏浚太湖下游的娄河，因经费见绌，只好从漕粮中调支，"每米一石，派钱七文"，称作"娄河公费"。时值林则徐在江苏任巡抚，政风较好，"官吏皆得人"，对于疏浚当然"民不扰而事以集"。道光三十年（公元 1850 年）发生危害更大的一次水灾，更兼太平天国军队对当地的影响，使地方陷于暂时的混乱之中。正当地方官府准备疏导下游地区的河道壅塞时，南京的陷落让浙江地方频繁告警，因此只好作罢。在战争平

息后，地方上最先展开的工作是对溇港的"开复"，当时需要经费50万两之多，一时难于筹措，只好权衡缓急"以济要工"。可见，在溇港管理工作中，经费问题是相当关键的。政府为解决这一问题，采取了一些应急的办法。

同治九年（公元1870年），根据前内阁侍读学士锺佩贤的上奏，湖州府属溇港年久失修，壅塞严重（特别是在战事之后）。当然，湖州地方溇港泥水壅灌，还受到苏、松下游淤滞导致排泄不畅的影响。因浙省溇港关系到东南水利，必须尽快予以疏浚。政府决定，先在"厘捐"项下借款动工，同时将著名乡绅吴云提出的《重浚三十六溇议》通令晓谕，并令浙江巡抚杨昌浚查勘办理溇港水利。杨昌浚即奉命督饬湖州府地方官趁冬闲之际，将寺桥等最为要紧的九港及诸、沈二溇等先行拨款赶办。其余各工及碧浪湖工程，也应马上查勘，分别办理。就在同治十年（公元1871年），完成挑挖碧浪湖涨滩即达500多丈①。厘金是在咸丰三年（公元1853年）为镇压太平天国运动而补助的军需资金，先是在江苏省征收，后又扩及其他各省。但在太平天国运动后，厘金便转成了地方重要的财政来源。

① 《大清会典事例》卷九二九《工部六八·水利》，《清朝续文献通考》卷十三《田赋考十三·水利田》"同治九年"条与此记载相同。另参见光绪《乌程县志》卷二六《水利》。

第四节　近现代：塘溇体系局部湮废，溇港圩田联圩并圩

在过去对溇港工程历史沿革的相关研究中，并没有对民国时期发展有所记载，但实际上，此段时间是该工程的重要过渡时期，而且在现代水利技术的介入后，溇港水利系统基本维持清代形成的历史格局至今，也可见其科学性经受住了现代科学的检验。

民国初期，开始引进近代水利科学技术，成立水利议事组织和管理机构，进行水道测量、降水量测报等水利基础工作；也多方筹集资金，修建一些防洪、排涝、抗旱工程，对溇港的修治以疏浚为主（表 2-1、图 2-4）。

表 2-1　　　　　　　　　民国时期溇港修治工程表

时间	修治对象	工程详情
民国三年（公元 1914 年）	安港	疏浚，未完成计划
民国七年（公元 1918 年）	夹浦港	修浚河口
民国十七年（公元 1928 年）	大钱口	挖泥船开挖大钱口河道，长 990 米，挖水下土方 1307.4 立方米，用经费 2442.04 元
民国十九年（公元 1930 年）7 月	长兴夹浦、花桥、福缘、芦圻 4 溇港及长湖塘河、福缘港涵洞	疏浚，耗时一年完工
民国二十一年（公元 1932 年）10 月	上游龙溪口至下机坊港村及下游北皋桥至小梅口两段	疏浚，耗时半年完工
民国二十二年（公元 1933 年）3 月	石塘港（小梅口至长兴的北横塘）	疏浚，11 月完工

时间	修治对象	工程详情
民国二十二年（公元 1933 年）12 月	机坊港（下通小梅港）	疏浚，耗时半年完工
民国三十五年（公元 1946 年）5 月	北塘河，丁家渚、双港、鸡笼等港	疏浚
民国三十六年（公元 1947 年）4 月	横塘河（即中塘河）	疏浚，20 天完工，做土方 8691 立方米，投工 11000 工，发工赈面粉 5870 公斤
民国三十六年（公元 1947 年）8 月	安溇	疏浚，挖土方 14523.6 立方米，一个半月完工
民国三十七年（公元 1948 年）11 月	沉溇、锁家桥、花桥、鸡笼、小沉溇、庙桥等 6 溇港	疏浚，贷款 50 亿元（折谷 1194.7 石），耗时 4 个月完工

　　这个时期太湖溇港的变化主要体现在四个方面：一是局部地区溇港湮废；二是环湖大堤的修建下，部分溇港被封堵在大堤内而不与太湖相通；三是宏观水利规划下主要溇港的拓宽开浚；四是大规模的联圩并圩。最后，溇港地区形成了以主要溇港和横塘为纲，辅以多条次要塘溇和水网河道，以及堤闸兼备、调蓄有度的整体水利运行体系。较于清代，湖州地区溇港湮废几近半数，长兴仅剩 18 条溇港，而吴兴地区为 21 条。环湖大堤全长 65.12 千米，分东西两段。西段由父子岭至长兜港左岸，跨越溇港均不设闸门，东段由长兜港左岸起至胡溇西，有 18 条溇港建闸控制。在水利工程上则主要进行了东、西苕溪分流工程，及由其引发的旄儿港、机坊东港等溇港新开及拓浚工程，主要溇港的拓浚则以大钱港、幻溇港、濮溇、汤溇及罗溇这五港为主。此外新中国成立后至 1990 年，湖州地区共进行了 6 次重大的圩堤培修和联圩并圩活动，湖州全市共形成 1376 圩和 38 个包围，圩堤总长度 9162.14

千米。

现在长兴、吴兴 2 县湖岸共长约 62 千米，有 74 条溇港，平均 840 米即有 1 条。其中以长兴的夹浦、新塘与吴兴的小梅、大钱诸港为最大，担负着主要的排引任务。

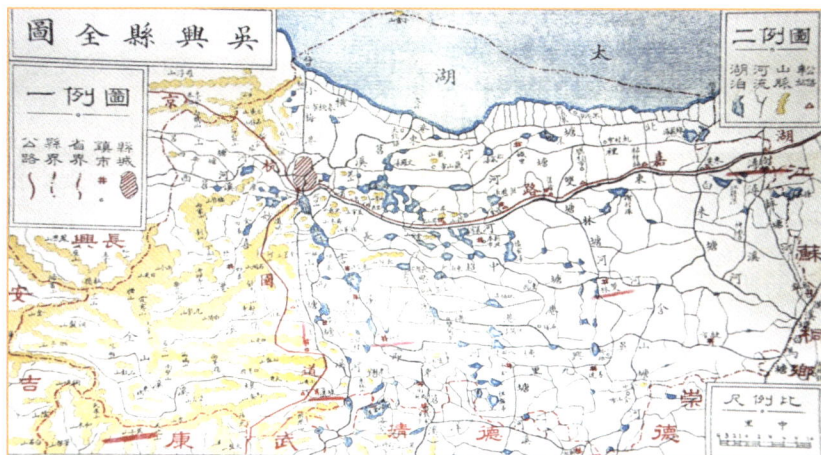

图 2-4　民国时期溇港分布图（20 世纪初）

第五节　工程自建成以来所取得的成效

溇港工程兴建后，在灌溉、防洪排涝、生态农业等方面发挥了显著的经济效益。2000 多年来，它为促进太湖南岸区域农业经济发展发挥了重要作用，使湖州自唐宋以来成为重要的鱼米之乡。目前，溇港的主要效益在于灌溉与防洪方面，遗产区农田灌溉面积 42 万亩（2.8 万公顷），排水面积 4.4 万公顷。

一、灌溉效益

至迟公元 10 世纪时太湖溇港工程体系已经形成，并为区域农业发展奠定基础。元明清时期太湖流域已经成为中国主要粮食产区和纺织品生产地，是供给北京和军队漕粮的主要输出地，是13世纪以后中国南方经济中心之一。

晋唐之后，北方士族纷纷南迁，吴兴一跃成为"东南望郡"。全国的经济重心也从关中和黄河流域转向江南，北宋太平兴国六年（公元981年）至宋仁宗年间（公元1023—1063年），太湖流域调往北方的漕粮，从300万石增加到800万石。宋室南渡后，出现中国历史上第三次人口大迁移，"四方之民云集二浙，百倍常时"。南宋朝廷"全借苏、湖、常、秀数郡之米，以为军国之计"。至明清时期，浙西湖州和苏南一带已成为全国稻作、蚕桑、渔业和丝织业的中心，太湖流域的税赋负担也日益加重。"东南之利，莫大于罗、绮、绢、纻，而三吴为最。"明弘治十八年（公元1505年）前，湖州府每年征收的钱粮"不独重于宁、绍等府，而且重于杭嘉二府矣。……嘉、湖二府起运之数几有杭、绍等九府三分之二"。明代湖州设"漕舟六十艘、运军六百六十名"，专门负责漕运。清同治二年（公元1863年），福建道御史丁寿昌等人的奏折中称："漕粮一项，以江浙二省为大宗，而江浙之漕，以苏、松、常、镇、太、杭、嘉、湖七府一州为尤重。从前全漕四百余万石，而江浙二省几及三百万石，居天下漕粮四分之三。"

2004年，全市粮食总产量87.48万吨，主要集中在溇港区域。目前湖州市太湖溇港的农田灌溉面积约42万亩（2.8万公顷）。除水稻种植之外，全市还基本形成了特种水产、竹笋、名茶、瓜果、油菜籽五大生产区和特种水产种苗、瓜菜种子种苗、花卉苗木等三大农业科技示范园区。

二、防洪排涝

太湖的三大源流苕溪、荆溪和长兴（合溪）水系发源于天目山区和茅山的丘陵地区，具有山溪性河流源短流急的水文特征，其地表径流的 70% ～ 90% 均注入太湖。古代人民创造的溇港圩田，在苕溪、荆溪的尾闾，采取横塘纵浦（溇）的布置，急流缓受，是顺应自然、巧借天力的产物。主要有五个特点：一是充分运用东西苕溪中下游地区众多湖漾，进行级级调蓄，起到"急流缓受"的作用，以消杀水势。二是通过人工开凿的东西向河道，如荻塘、北横塘、南横塘等，使"上源下委递相容泄"，使东、西苕溪和东部平原的洪水，经吴兴的 39 条溇港分散流入太湖。三是以自然圩为主体修筑"溇塘小圩"，使原有河网水系基本不受破坏，发挥河网水系的调蓄、行洪和自我修复功能。四是合理布局，人工河道与自然河流紧密衔接，具有较好的连续性，保持流势、流态的稳定。荻塘以北的溇港，除大钱港外，河长均在 3000 米以下，既有利于航运，又有利于东部平原洪水尽快入湖。清代凌介禧在《东南水利略》中说："南来之水自南塘分入运河水口，凡四十有奇。""塘泄水之口，即北入太湖，凡四十有奇。"由此可见，基本实现了一对一的连接。五是溇塘布设疏密有度。吴兴境内溇港间距平均仅 725 米，除宣泄东、西苕溪洪峰主流的大钱、小梅和计家港（后淤废）外，吴兴溇港的底宽一般在 1 ～ 2.7 米之间，并且均在沿湖口门设闸。吴兴溇港的尺度较小，因而开挖、疏浚相对容易，同时也有利于圩田疏干积水，以实现圩田引、排、灌、降等多种功能。

目前，太湖溇港的排水面积约 4.4 万公顷，每年汛期 6—9 月份，娄港水系的功能以排水为主。

三、生态农业

在发展过程中，娄港圩田还衍生出了循环经济，是生态农业的典范，即"桑基鱼塘"和"桑基圩田"，不仅粮食稳产高产，而且具有高效农业、集约农业、精细农业、特色农业的特征。北宋时期，两浙路的绢、丝分别占全国产量的 36.3% 和 26.5%，而丝锦则占全国产量的 68.2%。吴兴地区的农民除了农业生产外，还养鱼、培桑、育蚕，使娄港圩田成为经济持续发展的基础，"鱼米之乡""丝绸之府""财赋之区"得以形成。据统计，至 2000 年，湖州地区堤塘种桑的长度达 4576 千米，约占圩堤总长的 61%；水田面积 174.1 万亩，占耕地总面积的 89%；池塘养鱼面积达到 15.17 万亩，年均亩产达到 512.6 千克。养蚕、养鱼技术和经济效益，在国内处于领先地位，是浙江省和全国的粮食、蚕茧、淡水鱼、毛竹的主要产区和重要生产基地。菱湖区是全国三大淡水鱼养殖基地之一。

目前，结合太湖水环境治理，南太湖娄港圩田系统不仅继续发挥着水利蓄排和农耕灌溉的作用，还是滨湖生态环境涵养区重要的组成部分，有着重要历史和现实意义。

附：娄港大事记

商、周代

商汤王至帝辛（公元前 1600—前 1046 年），吴兴毘山遗址考古发现人工河道遗址。

周敬王六年至二十四年（公元前 514—前 496 年），吴王阖间命其弟夫槩筑城，于今长兴县西南开西湖，溉田三千顷。

周敬王二十五年至周元王三年（公元前 495—前 473），吴国伍子胥在今长兴县城南开筑胥塘，越国范蠡在县东开筑蠡塘。

汉代

西汉高祖六年（公元前 201 年），汉高祖刘邦封从兄刘贾为荆王，辖地在苕溪流域。相传荆王在今长兴县西筑塘，称荆塘。

西汉元始二年（公元 2 年），吴人皋伯通在今长兴县东北筑塘，称皋塘。

东汉时期（公元 25—220 年），司隶校尉黄向在乌程县西南二十八里筑陂溉田，称黄蘗涧陂，清代称黄浦。

三国时期

三国吴嘉禾三年（公元 234 年），迁山越之民于平原，编入屯田户，今杭嘉湖平原当时出现"屯营栉比，廨署棋布"景象，围田向太湖沿岸沼泽低地发展。

三国吴神凤元年（公元 252 年），诸葛恪重修太湖堤，在今长兴县。

三国吴永安年间（公元 258—264 年），吴景帝孙休命筑青塘，由青塘门（在今吴兴）西至长兴县，数十里，以御太湖水而卫民田，称青塘。

晋代

东晋咸和年间（公元 326—334 年），扬州都督郗鉴开吴兴郡乌程漕渎、官渎，接西苕水通霅水。

东晋永和年间（公元 345—356 年），吴兴郡太守殷康发民开荻塘，导引东、西苕溪水，自乌程县合流而东至今江苏吴兴平望，长一百二十五里，堤御太湖水，灌溉农田千顷，河道通舟楫。塘在城者称横塘，在城外者因两岸多芦荻而名荻塘，又称东塘。后由太守沈嘉重修。

东晋太和至咸安年间（公元366—372年），吴兴郡太守谢安于乌程县西开塘，称谢塘。并于今长兴县南筑塘，称官塘，又称谢公塘。

南朝时期

宋元嘉十一年（公元434年），吴兴乡绅姚峤献议，吴、吴兴、晋陵（今江苏常州）、义兴（今江苏宜兴）四郡之水同注太湖，而下游松江、沪渎壅噎难泄，处处涌流成灾，应从武康、紵溪（即苎溪，在今德清县东）开漕至谷湖（即谷泖，在今上海市松江、金山以西），直出海口一百余里以泄之，但未被采纳。元嘉二十二年（公元445年），姚峤多年勘测后又提议，由扬州刺史王濬上奏，遂获准，吴兴郡征用乌程、武康、东迁（在今湖州市境内）三县民丁开漕，但未成功。

宋大明七年（公元463年），沈攸之任吴兴郡太守，集民数万，在乌程东境筑吴兴塘（今双林塘），溉田2000余顷。

齐永明四年（公元486年），李安民为吴兴太守，开泾（溇港）、泄水入太湖，为六朝时六大水利工程之一，具有灌溉和交通双重作用。

梁天监八年（公元509年），吴兴郡太守柳恽重浚郡北青塘，民间称柳塘，又名法华塘。

梁中大通二年（公元530年），吴兴郡屡遭水灾失收，朝臣议开大渎以泄太湖水，梁武帝准奏，遣前交州刺史王弁假节发吴、吴兴、义兴三郡民丁开漕。昭明太子萧统以累年失收，民颇流移，不宜征发民丁，上疏谏止，开漕一事遂罢。

开元十一年（公元 723 年），乌程县令严谋达重开荻塘。

广德年间（公元 763—764 年），湖州刺史卢幼平开荻塘。

大历十一年（公元 776 年），湖州刺史颜真卿疏导白蘋州至霅溪水，颜在任期间撰《石柱记》，记述湖州沿革、山川、水利。清康熙年间，郑元庆曾详细笺释。

贞元八年（公元 792 年），湖州刺史于頔修荻塘，州人为纪其善政，因名荻塘为頔塘。十三年（公元 797 年），治理长城西湖，灌田二千顷。

元和四年至六年（公元 809—811 年），湖州刺史范传正在乌程县东北（今江苏平望）开官河，平望古代属吴兴。

元和五年（公元 810 年），苏州刺史王仲舒筑运河塘，"堤松江为路"，苏州、松陵（今江苏吴江）、平望连成陆路驿道，以便漕运，通称"吴江塘路"。对三吴水利构成重要影响，历代有争议。

元和八年至十年（公元 813—815 年），湖州刺史薛戎疏浚荻塘百余里。

宝历年间（公元 825—826 年），湖州刺史崔玄亮在乌程县东南开凌波塘（今菱湖塘），在乌程县东开吴兴塘（今双林塘）、洪城塘、保稼塘、连云塘等。

开成年间（公元 836—840 年），湖州刺史杨汉公在乌程县北二里开塘，于塘中得蒲帆，因名蒲帆塘。

中和五年（公元 885 年），湖州刺史孙储培修荻塘一百三十里。

五代吴越国时期

吴越国天宝八年即后梁乾化五年（公元 915 年），钱镠在太湖流域设都水营田司，专事水利，募卒七八千人，称"撩浅军"，

分为四部。旱则运水种田，涝则引水出田，立法完备。

吴越国后唐长兴三年（公元 932 年），吴越王钱镠卒。钱镠以保境安民为国策，重视兴修水利，筑塘治湖，修堤浚河，开发塘浦圩田，纵浦通江，横塘分水，纵横成网，圩圩环水，排灌得宜，扶植农桑，使吴越富甲东南达百年之久。

宋代

北宋端拱年间（公元 988—989 年），两浙转运使乔维岳为便利漕运，凡妨碍舟行之堤岸堰闸，一概废除，以致洪涝加剧，塘浦圩田之制亦受影响而削弱。

北宋宝元二年（公元 1039 年），知州事滕宗谅奏准建州学。胡瑗（安定）执教，经学治事并重，明体达用，教育有方，设立水利专科"水利斋"。庆历年间，宋廷取其法为太学之法，世称"湖学"。

北宋熙宁六年（公元 1073 年），於潜县令郏亶奏言太湖水利，即《吴门水利书》，十一月受命修两浙水利，不及一年而罢，改命中书检正沈括相度两浙水利及围田等工役。事后，沈括著《圩田五说》。

北宋元符三年（公元 1100 年），诏令苏、湖、秀三州，凡开治运河、港浦、沟渎，修叠堤岸，开置斗门、水堰等，许役开江兵卒。

北宋政和元年（公元 1111 年），诏令苏、湖、秀三州治水，创立圩岸，其工费许给越州鉴湖租赋。

北宋宣和元年（公元 1119 年），提举专切措置水利农田奏："浙西诸县各有陂湖、沟港、泾浜、湖泺，自来蓄水灌溉，及通舟楫，望令打量，官按其地名、丈尺、四至，并镌之石。"宋廷从之，翌年立浙西诸水则碑，后诸碑皆失。

南宋隆兴二年（公元 1164 年），浙西大水，诏以势家围田，湮塞流水，命诸州守臣按视以闻。知湖州郑作肃奏请开围田，浚港渎。诏湖州委朱夏卿措置。

南宋乾道五年（公元 1169 年），置太湖撩湖军，专一管辖，不许人户包围堤岸、佃种茭菱等。

南宋乾道年间（公元 1165—1173 年），乌程县主簿高子润发民夫疏凌三十二溇，通畅水势，达于太湖，复晋宋旧迹，减轻水患。

南宋淳熙八年（公元 1181 年），禁浙西围田，但禁而不止。淳熙十年（公元 1183 年），再禁浙西豪民围田，凡围田区，立"诏令禁垦河湖碑"，共立禁碑一千四百九十五方。

南宋淳熙十五年（公元 1188 年），知湖州赵思委官访求州境太湖溇浦遗迹，开浚溇浦，不数月，水流通澈，远近获利。翌年，浙西提举詹体仁又开浚溇浦，补治斗门，为旱涝之备，数年之间，岁称丰稔。

南宋绍熙二年（公元 1191 年），知湖州王回修治乌程溇港，桥闸覆柱皆易以石，其闸钥付近溇多田之家。并修改二十七溇名为："丰、登、稔、熟、康、宁、安、乐、瑞、庆、福、禧、和、裕、阜、通、惠、泽、吉、利、泰、兴、富、足、固、益、济"，每溇冠以"常"字。

南宋庆元二年（公元 1196 年），工部尚书袁说友上奏："浙西围田相望，皆千百亩，陂塘溇渎悉为田畴，有水则无地可潴，有旱则无水可戽。不严禁之，后将益甚，无复稔岁矣。"翌年三月，再禁浙西围田，诏令凡淳熙十年立石之后所围之田，一律废之。

南宋开禧元年（公元 1205 年），诏开两浙围田之禁，准许原主复围，招募两淮流民耕种，围湖为田之风盛行。

南宋嘉定八年（公元 1215 年），诏令禁浙西围田。

元代

大德二年（公元 1298 年），立浙西都水庸田司，专主水利。

元统（公元 1333—1335 年）中，乌程县丞宋文懿率民修城西青塘。

（后）至元元年（公元 1335 年），乌程县丞宋文懿首自捐奉，倡富者输财，贫者输力，重修青塘，并亲与挖土运石之役，翌年完成。

明代

洪武十年（公元 1377 年），乌程县主簿王福沿太湖浚三十六溇，并设溇制，每溇配役夫 10 人守御，每年拨 1000 户开挖淤泥。

洪武年间（公元 1368—1398 年），在乌程县大钱湖口设巡检司署，专管太湖溇港。乌程、长兴两县均有溇港管理制度，其工役每年拨 1000 户去淤泥，每溇置役夫十名，备铁钯、簸箕等工具。

天顺七年（公元 1463 年），安吉州判官伍余福上陈《三吴水利论》，主张疏浚湖州所属七十三溇，使天目山之水畅泄太湖。

成化十年（公元 1474 年），湖州水利通判李智以太湖溇港三十八溇淤塞，重加修浚。

成化十七年（公元 1481 年），乌程典史姚章复浚泥桥港、潘溇、新浦，以便水利，又浚治沿湖溇港淤塞。

弘治七年（公元 1494 年），命侍郎徐贯与都御史何鉴经理浙西水利，开浚湖州溇港。乡绅姚文澜上陈水利六事，皆经久之计。又令浙江布政使参政周季麟修运河堤，并增缮湖州长兴太湖堤岸七十余里。

正德十六年（公元 1521 年），疏浚湖州大钱、小梅等河道及溇港七十二条，上源下委蓄泄通畅。

嘉靖元年（公元 1522 年），水利郎中颜如环督湖州同知徐鸾开浚大钱港及沿湖七十二溇。

嘉靖二十一年（公元 1542 年），乌程知县马钟英欲浚小梅以东溇港以泄北来之水，浚大钱以东溇港以泄南来之水，因工繁费浩而止。

万历十三年（公元 1585 年），右都御史兼工部左侍郎、总理河道大臣、乌程人潘季驯削职还乡期间，以湖州临湖门外苕、霅二水于此汇入太湖，水流湍急，岁有覆溺，发起建桥，至万历十八年（公元 1590 年）十月建成，为五孔梁式石桥。清道光十七年（公元 1837 年）重建为三孔石拱桥，至今坚固依旧。

万历十七年（公元 1589 年），乌程知县杨应聘修筑荻塘堤岸，为西南之水障。

万历二十三年（公元 1595 年），明代著名治理黄河专家、乌程人潘季驯卒。潘治理黄河先后二十七年，四任河道部理大臣，功绩卓著；其治河思想多有创见，对后人具有深远影响，在水利史上占有重要地位。曾编撰《宸断两河大工录》《两河经略》《两河管见》《河防一览》等著作。

万历三十三年（公元 1605 年），湖州知府陈幼学在碧浪湖西南筑南塘，以障郭西湾之水，称陈公塘。又在城西南之龙溪南岸，自倒渚汇分流处东出驿西桥，修筑横渚塘。

万历三十四年（公元 1606 年），湖州碧浪湖附近各区塘长拨夫役，掘泥挑运，帮筑塘岸，道侧栽树，以固悠久。

万历三十六年（公元 1608 年），湖州知府陈幼学重修荻塘，堤岸砌青石，尤甚坚固。

万历四十二年（公元 1614 年），乌程知县杨国祯以三十六溇除陈溇等十九溇渊深如故无庸议修外其余应修，杨溇等十九处浚流通源，筑崩补坏，陆续完工。

天启年间（公元 1621—1627 年），乌程知县马思理筑新塘，自西南康山坝达碧浪湖，长三十里。

崇祯九年（公元 1636 年），乌程知县刘沂春筑康山坝闸。

清代

康熙八年（公元 1669 年），长兴沿太湖新筑湖堤，三十四溇港各有跨桥。

康熙四十六年（公元 1707 年），康熙特谕工部，查勘、兴修浙江省杭州、嘉兴、湖州等府县近太湖或通潮汐河渠之水利，或疏浚，或建闸，命工部速移文浙江督、抚确查明晰，报部议行。闽浙总督梁鼐、浙江巡抚王然奉谕会勘杭、嘉、湖三府河渠水口应疏浚建闸之处，绘图具报工部上奏，奉旨依行，委令温处道高其佩开浚三府河道，并建小闸六十四座。委令湖州知府章绍圣疏导沿太湖诸溇港，除大钱、小梅二港因通航不建闸外，其余各建小闸一座。

康熙年间（公元 1683 年前后），湖州人沈恺曾编撰《东南水利》八卷刊印，辑录康熙以来太湖治理奏议。

雍正三年（公元 1725 年），湖州人郑元庆编撰古代水利百科全书《行水金鉴》，在扬州由傅泽洪刊刻。

雍正六年（公元 1728 年），湖州知府唐绍祖重修府城至震泽之荻塘及大钱、小梅石塘。

雍正七年（公元 1729 年），湖州知府唐绍祖据乌程县估报，修溇港水闸二十七座，添设闸板。

乾隆四年（公元 1739 年），湖州知府胡承谋发民夫开浚府城内外河道。

乾隆八年（公元 1743 年），开浚乌程三十六溇港。

乾隆十五年（公元 1750 年），江苏吴县人金友理编撰《太湖备考》刊印，书中详细记述吴兴溇港情况。

乾隆二十七年（公元 1762 年），闽浙总督杨廷璋、浙江巡抚熊学鹏会同湖州知府及乌程、长兴知县查勘沿湖溇港，奏请开浚。湖州知府李堂奉檄开浚溇港六十四处及碧浪湖。

乾隆四十三年（公元 1778 年），疏浚湖州溇港七十二处。

嘉庆元年（公元 1796 年），湖州知府善庆开浚乌程、长兴溇港。

道光四年（公元 1824 年），上年，杭、嘉、湖淫雨，水患严重。礼科给事中朱为弼、御史郎葆辰、御史程邦宪先后上疏，奏请疏浚太湖下游河道及上游溇港。诏令两江总督孙玉庭、江苏巡抚韩文绮、浙江巡抚帅承瀛会勘。乌程乡绅凌介禧上陈《水利事宜十四条》《水利三大要利弊书》，浙江巡抚委派乍浦同知王凤生勘查太湖上游水利，凌介禧奉命陪同。王凤生纂《浙西水利备考》，于是年在杭州刊印。

道光五年（公元 1825 年），乌程乡绅凌介禧上陈水利专著《东南水利略》及兴修水利方案《谨拟开河修塘事宜二十条以备采择》，开始大规模疏浚溇港、横塘。《东南水利略》于道光十三年（公元 1833 年）刊印。

道光九年（公元 1829 年），湖州知府吴其泰奉檄开浚乌程三十六溇港、长兴二十二溇及碧浪湖，并奉命制订《开浚溇港条议》，议定溇港开浚与管理事宜九项规定，报批实行。

道光十二年（公元 1832 年），乌程知县杨绍霆奉檄劝修圩岸，以倡捐及工赈重筑荻塘七十里，康山坝石塘三十里。乡绅凌介禧撒《重修湖州东塘记》。

道光三十年（公元 1850 年），御史汪元方奏请查禁外来乡民在杭、嘉、湖三府山区搭棚开山、种植杂粮，致使水土流失，淤坏良田之事。

同治五年（公元 1866 年），湖州士绅沈丙莹等禀请浙江巡抚马新贻筹款开浚乌程、长兴溇港二十九条，修闸十二座，并疏浚北塘河，至同治八年（公元 1869 年）竣工。

同治九年（公元 1870 年），乌程乡绅吴云、徐有珂上陈《重浚三十六溇议》，浙江巡抚杨昌濬奉谕委湖州知府宗源瀚会同乌程、归安知县及士绅陆心源等查勘，议商开浚溇港事宜，是年十一月动工。

同治十一年（公元 1872 年），湖州知府杨荣绪完成溇港开浚，共开浚九港、二十四溇，建新闸五座，筑石塘、土塘一百二十丈，开浚碧浪湖东滩三十段，西滩二十一段。浙江巡抚奏请立溇港岁修章程，规定每年轮开六溇，六年为周期，委派候补知县钮福和乡绅徐有珂专门负责溇港岁修。

同治十三年（公元 1874 年），知府宗源瀚主修，湖州人陆心源、周学浚等纂成《湖州府志》，集历代《湖志》之大成，为湖州最后一部府志（今存），其中记述湖州水利甚详。

光绪十二年（公元 1886 年），湖州知府林祖述倡捐修筑荻塘，翌年完成。

光绪十七年（公元 1891 年），湖州碧浪湖设局疏浚，购置挖泥机两架，以试用无效而废弃。

民国时期

八年（公元 1919 年），长兴、吴兴县农民租用苏南抽水机船为受灾农田排涝，是太湖域内采用机械排灌之始。是年，督办苏浙太湖水利工程局在苏州成立。

十年（公元1921年），督办苏浙太湖水利工程局于苕溪运河流域设立吴兴、长兴、孝丰、杭州、余杭、海盐等第一批六个雨量站。翌年夹浦、大钱口、小梅口、长兴新塘等四处设立第一批水位站。

十二年（公元1923年），吴兴县动工疏浚荻塘六十七里，至民国十七年（公元1928年）3月竣工，耗资83万元余。

十四年（公元1925年），上海《申报》刊载浙江省省长夏超致江苏省省长咨文：江苏改变当初设立太湖水利局本意而设湖田局。"是不特不能疏水利，而反将淤塞水利也，与当初设立水利局之本意大相违反，将来太湖淤塞愈大，两省农田受害愈深，而首当其冲者，尤以浙江嘉、湖两属。此事关系甚大，万不能不从长计议，所请撤销湖田局之事，拟请贵署顾全两省农田命脉，立断施行。"

十五年（公元1926年），江浙协会致电江浙各法团，反对太湖放垦。浙西各界知名人士二十余人集会，议决组织浙西反对太湖放垦联合会，浙江省议会、浙西水利议事会、太湖流域防灾会、太湖流域联合自治会、浙西各县议会并农会等团体加入。

十六年（公元1927年），裁撤苏浙太湖水利工程局及江苏江南水利局、浙西水利议事会，成立太湖流域水利工程处，后以两省意见未尽一致，召开太湖水利联席会议，议定治标工程仍归两省自办，相继恢复江南水利局和浙西水利议事会。

十七年（公元1928年），太湖流域水利工程处派出林保元、汪胡桢、肖开瀛等调查东、西苕溪，南、北湖及余杭塘河等河流情况，提出《调查浙西水道报告》，认为东、西苕溪"治理改良，允为急务"，

"修岸筑堤，治标之道；辟池防洪，根本之计"，"古人上游宜蓄，下游宜泄，实属至论"。其中所说"辟池防洪"，就是在东、西苕溪上游分别修建防洪水库。

同年，浙西水利议事会改组，每县推举会员一人，呈请省政府委任，并明确该议事会是掌管浙西水利经费及水利兴革事宜之机构，受省政府监督。

同年，吴兴县始用挖泥船开浚大钱口河道990米。吴兴电气公司在城郊北乡安装临时机埠排涝抗灾。

十八年（公元1929年），太湖水利工程处改组，成立太湖流域水利委员会。太湖流域水利委员会派出庄聿权、林保元调查浙西水利，提出《浙西水及防灾蓄水库地点调查报告》。

二十年（公元1931年），浙江省按水系流域划分为五大区，先后成立第一区、第二区、第三区、第四区、第五区水利议事会，第一区水利议事会由原浙西水利议事会改组而成，范围即苕溪运河流域。

同年，太湖流域水利委员会在浙江省境布测宜兴—长兴、长兴—吴兴、吴兴—震泽环太湖西线和吴兴至杭州运河的水准点，采用吴淞高程系。

二十一年（公元1932年），吴兴县动工疏浚龙溪口至机坊村河道与北皋桥至小梅口河道，翌年7月完工。翌年进行机坊港疏浚二期工程，民国二十三年（公元1934年）完工。

二十二年（公元1933年），吴兴、长兴两县设立石塘港委员会，吴兴小梅口至长兴北横塘段开工修港，11月完工。

三十五年（公元1946年），浙江省水利局会同农林部第十二工程队查勘测量西苕溪，制订整治计划，主要有疏浚西苕溪梅溪河段、北塘河、横塘河及通太湖的宋溇等主要溇港十三道，翌年 8 月完工。

三十六年（公元 1947 年），西苕溪水利参事会在湖州召开第二次会议，讨论西苕溪整治方案，通过《征收西苕溪水利田亩收益费办法》与《梅溪浚沙工程征收黄沙收益费实施办法》。

同年，吴兴县疏浚横塘河工程动工，5 月完工。

中华人民共和国成立后

1949 年，浙江省人民政府水利局派工程技术人员至吴兴、长兴查勘太湖溇港。

1950 年 1 月，浙江省水利局派工程师叶仁、陈叔香到吴兴、长兴对计划疏浚的九条太湖溇港进行勘测设计。4 月至 6 月，省拨粮食，以工代赈，完成溇港疏浚。

1951 年，吴兴县疏浚太湖溇港 21 条，4 月完工。

1954 年，浙江省人民政府农业厅水利局组织 13 人的查勘队，实地查勘杭嘉湖地区水利基本情况和当年洪水情况，认为杭嘉湖平原洪涝严重的主要原因是排水能力不足，提出治理初步意见，包括东、西苕溪上、中、下游规划整治意见和向杭州湾排涝意见。

1957 年，东、西苕溪分流入太湖工程动工。翌年 8 月，工程完工。其间，新开旄儿港、长兜港、机坊东港，兴建湖州城西、城北控制闸各 1 座，使苕溪洪水由旄儿港至长兜港、机坊港入太湖。其中，长兜港 1957 年 4 月 10 日始以原溇港拓浚，西起白雀塘桥，南接梅诸漾，东北延至太湖，长 2.1 千米，河底宽 90 米；旄儿港西自霅水桥起，向东经九九桥公路桥、白雀塘桥，经机坊港东延 100 米，全长 7.97 千米，1958 年 1 月 10 日开挖。

1958 年，东苕溪导流入太湖第一期工程开工，工程包括开挖导流河道 41.5 千米，至 1962 年，第一期工程基本完工。

1959 年，东苕溪导流工程德清水闸动工兴建，闸设五孔，设计过闸流量 385 立方米每秒，是年 10 月竣工。此后至 1961 年，在导流东大堤相继建成菁山、洛舍、鲇鱼口、吴沈门、南门等 5 闸。

1963 年，吴兴县建立治理太湖溇港工程指挥部，动工溇港 16 条，建闸 6 座，架设 10 千伏输电线路 7.5 千米，至 1965 年 3 月完成。

1967 年，吴兴县荻塘南岸 30.4 千米砌石护岸工程动工，至 1973 年底全线竣工。

1969 年，湖州城东南 3000 余亩水面的钱山漾开始围垦，除留出湖杭航道外，其余成为军垦农场。

1971 年，吴兴县组织 1.12 万民工重点拓浚大钱港，南至和孚漾，北至太湖，长 22 千米，翌年 3 月完工。

1973 年，湖州太湖大钱水闸拆旧建新工程动工，新闸 5 孔，每孔净宽 8 米，引河长 650 米，1982 年 10 月全部竣工。

1978 年，吴兴县恢复溇港管理站。

1983 年，湖州、嘉兴建立省辖市，两市分别设立水利局，年内改称水利农机局。是年冬，德清县与湖州城郊区全面整修加固东苕溪导流两岸大堤。

1991 年 11 月 20 日，湖州市旄儿港防洪工程土方大会战开始。太湖流域管理局、浙江省水利厅、湖州市主要领导和驻军首长等，与 5 万民工一起参加开工典礼和挖土。旄儿港工程为太湖治理 10 项骨干工程之一，东、西苕溪防洪工程的组成部分。至 12 月 11 日，土方开挖任务完成，砺山石方开挖于 1992 年汛前完成。

同年 11 月 30 日，湖州东、西苕溪防洪工程指挥部和湖州市环太湖大堤总指挥部成立。东、西苕溪防洪工程包括旄儿港和长兜港拓浚、东苕溪导流港疏浚、导流东大堤加固等。

1992 年 11 月 18 日，湖州市召开长兜港拓浚和环湖大堤市区段工程为重点治理太湖骨干工程会战誓师大会。至 11 月 30 日，会战任务全部完成，两大工程共投入 450 万工日，完成土方 432 万立方米。

1993 年 9 月 26 日，湖州市政府组织 6 万军民参加环太湖大堤东段大钱口至胡溇 22 千米土方大会战。29 日，建立环太湖大堤东段工程会战指挥部，10 月 18 日上午举行誓师大会，省、市、太湖局、省水利厅领导和驻军首长出席誓师大会，会战开始。12 月 25 日，会战结束，完成筑堤土方 130 万立方米。至此，环湖大堤浙江段64.6 千米筑堤任务全面告竣。

同年 10 月，湖州幻溇港拓浚工程会战开始，近 3000 名群众及 50 台机械设备日夜施工，全省水利现场会也在会战现场召开。

1998 年 10 月，长兜港二期拓浚工程开工，1999 年 11 月，工程全部完工，共新挖和拓浚河道 2000 米，完成土方 43.6 万立方米，新建防洪堤 3.3 千米，其中护岸 1.4 千米。水下疏浚 2003 年10 月完成，全部工程 2005 年 6 月竣工。

2001 年 9 月，北排河道古溇港工程开工。工程位于南浔镇东北隅，上游承颊塘及南浔镇区间来水。同年 11 月竣工。工程造价23.2 万元。

2003 年 2 月，大钱港一期拓浚工程开工。南起长湖申线，北入太湖，全长 12.8 千米，工程投资 313.11 万元。一期拓浚工程大钱港上游段，上接三里桥港与龙溪港岔口，下至大庆桥，长 2.5千米，河道疏浚底宽 40 米。2004 年 5 月完工。

同年 9 月，旄儿港二期拓浚工程开工，2005 年 12 月完工。为东西苕溪防洪一期工程重要组成部分。工程以防洪、除涝为主，兼具引水、航运、环保等综合功能，包括全线河道拓浚、堤防护岸两部分。堤防为 2 级建筑物，防洪标准百年一遇。

2004 年 12 月，环太湖大堤工程全部完工。2005 年 9 月 17—18 日，水利部太湖流域管理局会同浙江省水利厅在湖州长兴主持召开环湖大堤（浙江段）工程竣工验收会议，通过验收。

2008 年 12 月，集交通、生态、防洪、观光为一体的滨湖大道动工兴建，全长 50.6 千米，西起长兴夹浦镇，经长兴县、太湖旅游度假区、吴兴区，至江浙省界胡溇村。

2010 年 12 月 3 日，《湖州市区水域保护规划》《湖州市中心城市水域保护规划》通过审查。规划将沿太湖的溇港湖漾作为水域管控重点，严格审批开发建设项目占用水域行为，严禁缩窄填堵溇港。

2014 年，湖州市政府成立了太湖溇港水利遗产保护与利用工作领导小组，组织以市水利局为骨干的部门单位，开展溇港整治保护，开启申报世界灌溉工程遗产前期工作。2 月《太湖溇港水利遗产保护与利用规划》获市政府批复，为太湖溇港保护、利用、申遗指明方向。

同年，太嘉河、环湖河道、苕溪清水入湖、扩大南排太湖流域水环境治理四大重点水利工程全面开工。

2014 年，义皋村被列入中国传统村落名录和浙江省历史文化村落保护利用重点村。

2015 年 12 月 10 日，太湖溇港等不可移动文物被列为湖州市第八批市级文物保护单位。

2016 年 2 月，义皋溇港文化展示馆开始正式进场布展，展示馆于4月底基本建成。展馆利用19世纪50年代义皋古村原茧站(市级文保单位)建设而成,馆边有南运粮河、义皋港环绕,是古时重要的水运交通要道。馆藏记录了太湖流域两千多年的治水史和人与自然的互动演变史,集中展示了太湖溇港及圩田系统的自然环境、发展历史、重大贡献、溇港区域民风民俗等内容。展馆综合运用水利工程模型、文物、多媒体演示系统、知识讲座及互动体验设施等开展水情教育。

同年,吴兴区大力实施河湖水系沟通与溇港整治工程,采取生态砌块模式对6条总长5.05公里的溇港实施生态护岸建设(其中蒋溇港0.67公里、钱溇港1.03公里、西庄渠港0.25公里、石桥浦港1.24公里、长溇港0.5公里、新浦港1.36公里)。北排入太湖的罗溇、幻溇、濮溇、汤溇"四大溇港"全线贯通。

2016年11月8日,在泰国清迈召开的国际灌溉排水委员会(ICID)第67届执行理事会上,太湖溇港被列入第三届《世界灌溉工程遗产名录》。

2017年9月4日,吴兴太湖溇港水利风景区成功获得第十七批国家水利风景区称号。

2019年4月17日,湖州市太湖溇港文化展示馆被水利部、共青团中央、中国科协三部门联合公布列入2018年国家水情教育基地名单。同年10月16日,太湖溇港被中华人民共和国国务院公布为第八批全国重点文物保护单位。

2021年底,湖州市吴兴区太湖溇港国家级水利风景区高质量发展典型案例入选全国前10,获水利部发文推广。

2022年5月27日,《湖州市太湖溇港世界灌溉工程遗产保护条例》经浙江省十三届人大常委会第三十六次会议批准,并于

2022 年 6 月 20 日起施行。

　　据《2023 年湖州市国民经济和社会发展统计公报》，初步核算 2023 年湖州 GDP 总量迈上 4000 亿台阶，达到 4015.1 亿元，按可比价计算，比上年增长 5.8%。分产业看，第一产业增加值 158.9 亿元，增长 5.0%；第二产业增加值 1978.7 亿元，增长 4.5%；第三产业增加值 1877.5 亿元，增长 7.1%。三次产业增加值结构调整为 4.0：49.3：46.7。按常住人口计算的人均 GDP 为 117195 元，增长 5.3%。

第三章　多方合作的溇港管理

完善的水利管理制度是溇港灌溉农业持续发展运用的保障。溇港在水利管理方面采用多方合作，主要是民间和官方相互结合，并且在发展的过程中，对于溇港的管理逐渐形成一定的体系，包括岁修制度以及用水和经费的管理等制度逐渐发展并得到完善，甚至有些制度至今仍在沿用，因此溇港水利是灌溉工程中可持续发展较为典型的案例。

一、政府管理及经费

太湖流域塘浦、溇港圩田的农田水利管理，始于五代吴越时期。吴越贞明元年（公元915年），吴越王钱镠"置都水营田使"和"撩浅军"，在"太湖旁置撩浅卒四部凡七八千人，专为田事，沿河筑堤"，"遇旱，则运水种田，涝则引水出田，立法甚备"。北宋嘉祐四年（公元1059年），"招置苏、湖开江兵士"。北宋元符三年（公元1100年），宋哲宗昭示"苏湖秀州，凡开治运河，浦港沟渎，修叠堤岸，开置斗门、水堰等"，均可"役开江兵卒"。元大德二年（公元1298年），设立浙西都水庸田司，专主水利。明洪武二年（公元1369年），乌程县设大钱湖口巡检司，长兴县设皋塘太湖口巡检司，管辖溇闸和通航等。明洪武年间（公元1368—1398年），乌程、长兴建立溇港管理修浚制度，"每年拨一千户"工役，"去淤泥，以通水利"。每条溇港配备役夫 10 名，铁耙 10 把，以及畚箕、竹帚等工具。清代"永乐以后，自监司以及郡县俱设有水利官，专治农事，每圩编立塘长，即其有田者充之。岁以农隙，官率塘长循行阡陌间，督其筑修圩塍，开治水道，水旱之岁，责其启闭沟缺"。清道光九年（公元 1829 年），湖州知府吴其泰奉命制订《开浚溇港条议》，对溇塘修筑、清障、分段管理、土方填筑、溇闸管理等作出明确规定，每溇设闸夫 4 名，利用"公项存典生息，由府发归大钱司给予口粮"。同治十一年（公元 1872 年），根据浙江巡抚杨昌浚提议，由湖州府制订《溇港岁修条议》，奏报时更名为《溇港岁修章程十条》，并"奉旨著照所议"，落实岁修经费。《章程》规定乌程县每年轮开六港，计三十六港，六年为一个周期，周而复始。对溇港开浚的顺序、补助金额、闸门启闭、闸工配置、水准测量、溇塘疏浚、资金管理、工程质量监督等，也均做了相应规定。每年的岁修经费，则从丝捐、绸捐中拨款。

　　溇塘的修浚工程浩繁，耗费大量人力、财力，经费来源是历朝历代地方财政的难题。水利不兴，洪涝成灾，农桑遭受损失，当然伤民，但增加赋税，大规模征用劳动力，也必然伤民，因而历朝历代曾采取多种办法筹集水利经费。一是财政拨款。重要的水利工程和修复，事先编制预算，上报核准后，从国库公帑和府县库银中列支。清雍正八年（公元 1730 年），浙江巡抚李卫从国库拨银 1400 余两，用以维修大钱、小梅石塘及诸溇闸。道光九年（公元 1829 年），乌程、长兴 58 条溇港及碧浪湖疏浚所需的土方及经费，经调查估算后，采用大包干的办法解决。清同治十一年（公元 1872 年）颁布的《溇港岁修条议》规定，溇港的轮修和岁修经费，以每条溇港"三百五十串为率，港有长短，工有巨细"，但每年轮修六港的经费总额，不得超过 2100 串。二是发动捐款。提倡"富者输其财，贫者输其力"。凡是重点水利工程，常由州县官员带头捐出俸禄，地方乡绅"富者输财"，由此解决部分水利经费。三是以桑支农。清同治年间，徐有珂《重浚三十六溇港议》测算，从获利最厚的出口蚕丝中，开征丝捐，按千分之四的比例抽取开河基金，以三年为限，即可筹措 18 万银圆，以后可用其年息，作为溇塘岁修经费、日常管理费用及人员工资。由于蚕丝获利丰厚，开征此捐阻力不大，而且直接向丝绸业收取，可以"不经吏胥"，所以"一无加耗"。这种做法"取诸民，散诸民，民用其力，而农田水旱有备"，在当时成效十分显著。此前也有先例，乾隆四年（公元 1739 年），湖州知府胡成谋以河渠"开挖之土，填筑高地，栽桑招佃，岁取租入"，用于水利工程支出。四是以工代赈。五是按受益田户分摊。清代杨延璋、熊学鹏《奏请乘时开浚湖郡溇港疏》载："分地远近，按亩乐输，以作修浚溇港之费。"

唐五代以后，太湖流域的漕粮税赋成为重要财政来源，塘浦圩田的开发得到重视，不仅注重沿海地区的海塘和沿太湖的堤塘修筑，而且形成了完备、有效的塘浦圩田管理制度，圩田的治水治田技术也日臻成熟。五代吴越时期，在唐代屯田的基础上设置堰闸，调节水位，控制水旱，并设置撩浅军，导河筑堤，治水与治田相结合，为圩田建设和管理积累了经验。北宋时期，太湖流域的水利以"漕运为纲"，"转运使"代替原来的"都水营田使"，致使治水与治田分离，塘浦圩田的养护撩浅制度废弛，虽然后来有开江营兵的设置，但偏重于漕路的维修，而且人数少，废置无常，最终导致大圩古制解体，逐步分解为分散零乱的二三百亩小圩。北宋郏亶认为，小圩抗洪能力差，容易溃决成灾，因而上书恢复塘浦大圩古制，"朝廷始得亶书，以为可行……令提举兴修，亶至苏兴役，凡六郡三十四县，比户调夫"，但是，没有因势利导，在水利措施上另求良策。大圩古制与小农经济生产方式相背离，试图恢复大圩古制，显然不符合个体农民的利益。据南宋范成大《吴郡志》记载，"民以为扰，多逃移"。北宋熙宁七年（公元 1074 年）正月一日，宋神宗下旨，命"郏亶修圩未得兴工"，竟然出现"人皆欢然"的局面。郏亶本来以为这是利国利民之事，可使"民忘其劳"，"虽劳无怨"，但由于原来集中经营的屯田早就演变为中小地主或个体农民分散经营的小圩，恢复大圩古制的举措难以推行，最后以郏亶罢官而告终。南宋时期，黄震等人也曾主张"复古人之塘浦，驾水归海，可冀成功"，经"量时度力"后，也未能实现。

溇港圩田以自然圩和墩岛为基础而修筑，规模适度，大多为二三百亩，规模小的只有几十亩，边际条件和社会关系简单，"民力易集，塍岸易完"，"潦易去"，如遇灾情，为求自保，可以人自为战，户自为战。经过唐宋以来的不断修筑与完善，溇塘水系和溇港圩田设闸控制，排灌便利，实行双向调节，已经自成系统，抗灾能力较强。北宋嘉祐五年（公元 1060 年），转运使王纯臣请令苏、湖、常、秀作田塍，位位相接，以御风涛。令各县"教诱利殖之户，自筑塍岸，自为堤障"，而原来实施"大圩古制"的地区，因"后人求己之田之便利而坏之"，"坏之既久，则复之甚难"，塘浦圩田越分越小。而吴兴的溇港圩田，则通过将众多"升斗小圩"联圩并圩，"缮完堤防，疏凿田浍"，使相邻小圩联成较大的集合单元，在"大包围"中保留"小包围"，万一发生溃决"走圩"，也不至于殃及全圩，潦水退去，也容易修复。因此，溇港圩田系统的延续和发展，不仅得益于治水治田技术的逐渐成熟，而且得益于经营规模与小农经济生产方式相匹配，并具有鲜明特点。

目前，太湖溇港分别位于湖州市的 2 个行政辖区——吴兴区、长兴县，水利系统分属省、市、县三级水行政主管部门管理。

实际上，对于溇港管理的松弛，民间是有很多对策的。在地方上具有导向作用的乡绅，提议则更多了，前言提及的吴云就是其中的代表。

他所提的《重浚三十六溇议》，不但有其具体的措施，而且还对官方的举措进行了检讨。他说：同治七年（公元 1868 年）、同治八年（公元 1869 年），官方浚治溇港"深不及尺，长不及溇港三之一"，所以如不重浚加深，那么遇到"霉雨连期，山水奔腾"时，便会壅决，"如食遇噎，反涌横吐"，使圩田大受其害；对于杭嘉湖三府之水来讲，也被扼于 36 溇咽喉之地，假使"倒灌溃溢"，难免"庐舍陆沈，禾麦糜烂"之灾。然而，地方政府一方面害怕水患"病民"，另一方面则更怕浚治工程筹办经费而"病民"，最后因经费不足而使溇港管理的复兴告诸终结。从这一方面看，地方民众对于防灾及开浚等事具有低调的倾向，使溇港管理的重振出现了障碍。吴云对于这种缺乏积极性的行为提出了严正批评。他认为，解决地方利益分配问题最为重要的前提条件是，确立以民众为中心的自主性经费负担及积极的管理组织，从而在根本上全面排除危害与安定水利。地方政府对于吴云的提案显然是十分支持的。

于是到同治十年（公元 1871 年），"溇港岁修章程"十条被

确定下来。这十条由地方政府合议拟定的章程，是委托候补知府史书青撰稿的。浙江巡抚杨昌浚提了若干意见，认为"各条均尚妥协，应即督饬经管绅董实力奉行，毋稍懈忽"。

南宋地理学家程太昌在绍熙年间所作的《修湖溇记》中称，当时修复的湖溇有36个，属吴江县的有9个，其余皆属于乌程县，只有计家港因"近溪而阔"，没有置闸。到绍兴二年（公元1132年），知州王回作了修改，命名为丰、登、稔、熟、康、宁、安、乐、瑞、庆、福、禧、和、裕、阜、通、惠、泽、吉、利、泰、兴、富、足、固、益、济，共27溇，前皆冠以"常"字。桥闸上有"覆柱"，全部改作石料，而闸的钥匙则交给附近田多的人家保管。在元代，政府在乌程县大钱港设立了湖口寨，加以专门管理。明洪武十四年（公元1381年）改设为大钱河泊所，并设巡检司，治所就在县北十八里的太湖口。

成化九年（公元1473年），政府在苏松常嘉湖五府添设了劝农通判、所属县县丞各一员。嘉靖时人徐献忠指出，劝农官是"专管水利、以兴农功者"，但后来被作为"冗官"加以裁革，这显然是个失误。

作为湖州府境诸水入太湖的最大港口，大钱、小梅的地位十分重要。在乌程县境内，小梅港地处城北18里的太湖之滨，有小梅山，山西的坍缺港石塘属长兴县。自小梅口迤东为西金港、顾家港、官渎港、张婆港、宣家港、宿渎港、杨渎港、泥桥港、寺桥港，共9港。再往东，就是大钱湖口；自此迤东为计家港（一作纪家港）、诸溇、沈溇、安溇、罗溇、大溇、新泾溇（一作新泾港）、潘溇、幻河溇（一作幻湖溇，一作幻溇，光绪时称夏溇）、西金溇、东金溇、许溇、杨溇、谢溇、义高溇（一作义皋溇）、陈溇、濮溇、伍浦溇、蒋溇、钱溇、新浦溇、石桥溇（光绪时称石桥浦）、汤溇、晟溇（一作盛溇）、宋溇、乔溇、胡溇，共 27 溇。以胡溇为界，就属苏州府境（明时为吴江县，清时为震泽县）。这些就是著名的湖州 36 溇港。过去都各设有闸门，发展到明代则是"久废不闸"。成化十年（公元 1474 年）曾以李智为劝农通判，负责水利，对此"渐加修治"，使地方百姓"多赖之"。弘治七年（公元 1494 年），地方政府开始"度地为堤"，疏通溇港以备旱潦，从而不使湖水为害湖州府境。嘉靖元年（公元 1522 年），又浚治了大钱、小梅等沿湖 72 溇港，从而进一步疏通了太湖的上游。但劝农官早在嘉靖年间就被废去了。到万历三十六年（公元 1608 年），湖州地方政府主持重修荻塘，全部石筑。到四十二年（公元 1614 年），已有杨溇等 19 处溇港因淤塞而必须再予修治，这项工程即由乌程知县曾国桢负责完成。

万历以后，主要是在明末清初，溇港水利的修治工作有所荒怠。清代前期曾做过一些复兴工作。那时，溇港管理的关键主要有两个：一是排除淤塞，二是开浚疏导。由于长江下游水位与海平面的变化几乎一致，高潮时的逆流侵入湖内可达 30 至 40 千米。落潮期间，又将蓄积的水排出。这种湖、江、海相互交流是导致溇港小河淤塞的一大因素，也是不时疏通包含溇港在内的大小溪流的主要原因。此外，太湖风波巨浪的壅积进一步促进了这一变化。就溇港管理而言，开浚的目的在于防除淤塞。淤塞一般发生在溇口，百姓的垦种由此常遭淹没，溇港排水的功能因而丧失，完全破坏了这些地区溇港的功效。在长兴县滨湖地区，还有一种"湖啸"现象，发生时会导致湖水内侵，所以防护措施与乌程县有所不同，"不独泄内潦，又当御外溢"。康熙年间，湖州地方根据清廷的要求，下令疏浚各溇港，并各建小闸。从雍正七年（公元 1729 年）开始，浙江总督李卫曾下令乌程县发库银浚治县境内从小梅口到胡溇共 38 溇港。在这绵延长达 80 多里的沿湖地带建立闸座，加强水利防护。第二年，湖州府奉命再浚沿湖溇港，从顾家港到胡溇重建 35 个闸座，大钱、小梅地方又修了两处石塘。其中，政府对大钱口的修治特别重视，因为它是苕、霅水下太湖的"大路"。因此，到乾隆时地方上并未发生过什么大患。长兴县地区已由主簿郑世宁于康熙十年（公元 1671 年）"督开溇港"，水利维护得较好。同时，为了保证太湖之水顺利宣泄，政府在排泄水口地方严禁为张捕鱼虾而"绝流设籪"，因为籪这种捕鱼工具极易引起泥沙的淤积。在乾隆九年（公元 1744 年）的邸抄中，还可看到国家在这方面的禁令："凡有湖荡之地，详加查勘，划明界限，不许再行开垦。"

清初在继承明代于大钱湖口设巡检司衙署的传统基础上，继续对溇港施行有效的行政管理，但这种机构后来仍被废圮。乾隆初年，巡检司衙署被移驻新浦宝林寺，后来又移到陈溇。根据金友理的考察，在乾隆年间长兴县的 34 港口中，蒋家港的水闸仍维护完好，谢庄、丁家、鸡笼、卢渎、徐家、百步、竹篠、殷渎、福缘、石渎、花桥、祝家、芦圻、坍葵等港都已十分浅小，而石屑、径山等港则已淤塞，夹浦、乌桥、大小沉渎、新塘、杨夹浦、蔡浦七港依然是政府着力维护的"要地"；在乌程县的 38 溇港中，小梅、杨渎、大钱、诸溇、大溇、杨溇、义高、钱溇与伍浦也是最为重要的溇港，小梅与大钱一直防护得很好，"港阔水深"。但不能说完全没有问题，小梅港内近白雀港处已出现沙埂，对于行船造成了一定的阻碍。同治初年由于太平天国战争对当地的影响，破坏了当地溇港管理机能。到同治十一年（公元 1872 年），经战后多年的恢复，浙江巡抚杨昌浚上奏要求将大钱巡检司移驻大钱迤东 27 溇适中之地，并将乌程县丞衙署移驻大钱迤西 9 溇港的适中之地，对"闸口启闭"工作都进行专门的管理。

二、民间组织管理的调控

对于溇港的管理，地方上具有导向作用的乡绅也发挥了积极的作用，吴云就是其中的代表。他认为，解决地方利益分配问题最为重要的前提条件是，确立以民众为中心的自主性经费负担及积极的管理组织，从而在根本上全面排除危害与安定水利。地方政府对于吴云的提案显然是十分支持的。

下面将通过在实际中发挥重要效益的"溇港岁修章程"等的考察，来展开对民间力量对溇港管理的参与以及发挥的作用的深入分析。

维持溇港管理的重点在于淤泥的排除开浚以确保疏通，而岁修就是以定期工事为中心的开浚作业，这是在"溇港岁修章程"中被采用的主要方法之一。

《章程》首先指出"疏治宜轮"。对于滨湖溇港而言，东南风几乎没有什么危害，反而更为有利，因为在东南风的影响下，港水外流，"其水清"。西北风引起的港水内灌则恰恰相反，它使水流变得浑浊，水退后，泥沙便沉积下来。这是溇港所以易淤而地方必须勤于"岁修"的基本原因。但是只有年年小修而不作轮流还是没有什么大的效果的，因为这样的做法使大修也无济于事。所以《章程》规定，每年需"轮开六港"，总计 36 溇，以六

年为一循环，周而复始。按年"轮开"，可节省工程。

从经费上说，每港以 350 串钱为率，因港有长短、工有大小，6 港总计不能超过 2100 串，这是大修。轮开之后，还剩 30 溇，需要在启闸前派委员、总董亲往测验，并雇佣役夫将水闸南北的淤泥挑除干净，才允许启闭。如果遇上大雷雨，港岸出现坍卸，该闸夫必须随时禀告委员、总董，"雇夫流淘"，这就是小修。按照这样的轮流做法，大修之外还有小修，从而有裨于将来，而"经理得人"可使溇港常常深通。

此外，还要立"水则"，浚来源，淘去委，对闸门启闭必须十分慎重，由此地方也必须做到勤于稽查。由于溇港工程与其他工程的情形不同，"只可责成，不能保固"，即使已经"严定功过，明立章程"，还应"时加稽查"。每年由专门的管理人员对启闸、闭闸情况作出报告，其后由湖州府官员亲往各溇查验。每年轮开六港时，也要在尚未估工筑坝以前由湖州府官员亲往测量水则，平水时开深、开宽多少，都要一一亲自量估，并确核土方，在完工后，仍要逐一细量宽深，在丈量上保证没有丝毫含糊，最后才能由湖州府禀请委员验收。

溇港管理是一项特殊的工程，必须有足够的"闸夫"来保证。在过去，闸夫的工食是每人每年 4000 文，由大钱司负责发给，但经"书差"克扣，每人所得只剩一半了，从而使闸夫制度"有名无实"。同治十年（公元 1871 年）《章程》颁布后，要求总董在本溇地方选择"朴勤年壮之人"充当闸夫，除大钱、小梅、盛家、纪家四港无须设立闸夫外，大钱迤西 9 港、迤东 26 溇共 35 溇，每溇设 2 名；杨渎桥较为特殊，有 3 名，共计 71 名。每年发工食钱 6000 文，由总董按季发放，不许折扣，也不经胥吏之手。在闸夫制度建立后，所有水闸必须"启闭以时"，并责成各溇港相关闸夫铲除茭芦等杂物，照管好各港闸板、铁环、钩索等工具，如出现"惰玩"情况，随时由该管委员革除其闸夫"花名"，到年终造册时送府备查。

　　闸夫制度确立后，还要有相应的管理人员进行统一调控，做到"责成宜专"。过去的做法是"事尽归官"，所以时间久了常常出现"废弛"的情况，制度也被"视为具文"。如果将任务完全交由乡绅负责，也会出现"漫无稽查，徒滋浮议"的弊病。同治年间所采取的改革办法就是"钱由绅管，工则官监，互相筹商"，从而在具体管理方面可以"互相钤制"。当时政府采取的管理分工，是根据历史情况与现实形势来进行的。前任湖州知府宗源瀚曾将乌程县县丞移驻杨渎桥，建立衙署，经管大钱溇西各港；大钱巡检司也在溇东适中之地建立了衙署，经理大钱溇东各港。同治时期的做法，仍然保持了这一制度，凡有溇港"岁修"事宜，即责成该管官负责；每年轮开六溇时，也由其认真监浚。如有漫不加意、废弛不治的，立即予以撤参。至于经手银钱，则由乡绅掌管。地方政府选择了候选知县钮福与举人徐有珂专门负责此事，认为这两人都是"诚笃廉明""详慎精细"，一向办理溇港事务，且家居湖滨，对于地方情形比较熟悉，而且也是大家公论的合适人选。当时议定，将幻溇以西至小梅地段归钮福管理，西金溇以东至胡溇归徐有珂经理，一切"岁修善后事宜"都由这两位乡绅实心经理；两人还各保举"勤慎耐苦之人"一名，作为帮办司事，"分任其劳"。

　　溇港的经费问题在管理方面是带有根本性的。清人指出，百姓虽"难于虑始"，但"可与乐成"，只要经费到位，百姓就会积极配合水利修治工作的展开。同治年间曾依照地方意见，作了一些改革，制定了相应的措施。

　　首先，确定了详细的工价。同治十年（公元1871年）开浚溇港，每方都用"鲁班尺"丈量，规定纵横各为一丈，深则一尺，为1个土方。每方实际需发土工钱160文，加上筑坝、拆坝、戽水、钉桩、桩木、芦席、器具杂用及夫头的工食，每方还要加上40文，这样每方总计需钱200文。根据当时的考察，附于溇港的居民，在战事后已较为稀少，乡农百姓都是"自相雇力"，因此从这方面考虑，每天仍需要280文。实际上，在同治十年前后开浚溇港时，劳力支度方面都采取了"募雇"的方式，但雇夫"每嫌钱少"。开港毕竟是有益于农作的大事，对当地人来说，开浚本地溇港，可"趋事而赴功"；况且乡民雇人"罱泥"，还是要出钱的，而溇港中的肥泥又可培桑地，可谓一举两得。所以官府认为当地百姓应该对这样的制度不会有太大的不满。

　　其次筹办经费。依照每年轮开六港来估算，每港要350串，共需钱2100串。每年小修及撩浅，每港需30串，30港则需钱900串。闸夫工食，每名每年为6千，按71名计算也要钱426千；委员两人，津贴夫马钱，每人每月为8千，每年共需钱192串；总董二员，津贴薪水钱每员每月为8千，每年共需钱192串；另外还有帮办司事二名，每名每月薪水钱5千，每年共需钱120串。由此每年总共需钱3930串。这是一年之间全溇港管理所需的总经费，包括了开浚工事费、劳务费及行政管理费。对于这笔经费的来源，基本上还在于地方上的自主调剂，并适当加上政府的部分财政支援。在同治年间，经费的筹办是有具体规定的。当时官府认为，根据实际估算，需要筹钱3.3万串，"发典一分生息"，一年即可得3960千。溇港的岁修经费，从绰捐中提拨"一成之八"，到癸酉同治十二年（公元1873年）冬天停止，约可得钱1.5万串，尚缺1.8

万串，加上北塘河的经费，还不到 3 万串。按照同治九年（公元 1870 年）八月钟佩贤的奏议，依每包丝抽捐二元为计，以三年为度。但同治八年（公元 1869 年）每包只捐一元，施行一年就停止了。因此帑项支绌，无可筹拨，仍要在下一年丝捐中每包加收洋钱一元，施行一年后即行停止。显然，这种经费的筹措基本上都是来自地方的。政府还认为，兴修水利本来就是为了地方农桑事业的生产，而就湖州百姓的利益来说，"桑重于农"，所以水利的兴修与维持会产生极为良性的效果，它不但会将以前所筹的钱款仍旧散用于民间，而且近年来挑浚的河泥也"无不加培桑土"，如碧浪湖东、西岸的河泥有 2000 多万石，低洼瘠土堆积如山，现在都种上了桑树，"浓青隐隐"，三年以后可望"乐利无涯"。对于抽捐而言，也是很轻的。每包丝可售 500 洋元，从中不过加捐 1 元，堪称"轻而易举"，也是所谓"取诸民散诸民"。

就清代各地的水利组织而言，管理经费通常是依照构成者的土地所有面积的比例，并按"按田摊征"原则进行负担。前已论及，湖州府地方的娄港从明末以来就很少"照亩科派"。在太平天国战争期间，伴随着户口离散与土地荒芜，在战争后亟须恢复当地的生产能力；而且照亩科派的做法随着世易时移，应该有所变更，主要原因在于江南地方除高田变化不大外，还存在湖田有坍涨或挑土塞河以增扩田地的情况。在这些情况下，农民负担田赋显得相当困难。以前的娄港管理是以土地所有作为基准来维持其经费负担的，现在从客观上讲已不可能。所以同治年间"岁修章程"的制定，是直接从丝捐摊派的征收入手。从同治十年（公元 1871 年）到同治十二年（公元 1873 年）间，作为基金已预定了制钱 3.3 万串。其源来自湖州府城的同裕典、济成典、恒裕典、谦泰典，南浔的开泰典、乾裕典，织里的同泰典，双林的义泰典，菱湖的昌泰典、安泰典，荻港的济生典，长兴的裕生典，新市的阳泰典、春生典、庆余典。以上 15 典，每典存制钱 2000 串，共计 3 万串。洛舍的恒盛典、德清的公顺典与练市的惠贞典，每典存制钱 1000 串，共计 3000 串。这样合成 3.3 万串，每月一分起息，遇闰照算，按季支取应用。

　　由于经费上有了落实，同治十三年（公元 1874 年）便开始了溇港的开浚工事。光绪元年（公元 1875 年）又进行了大修，施行顺序是先修西部的西山港、顾家港、官渎港、张家港、宣家港与宿渎港，以后才开始东、西 18 溇的轮修工作，以此六年为一周，"周而复始"。

第四章　溇港遗产构成

在对太湖溇港水利遗产的沿革及其所具有的价值加以判定的基础上，当地水利遗产被划分为四部分：太湖堤防工程、溇港塘漾体系、圩田沟洫体系，及其他遗产（见证溇港历史的古桥、堤岸、桑基圩田等）。太湖堤防体系的建设和完善，是溇港水网形成和圩田水利建设的基本条件。湖州境内太湖堤防长度约 65 千米。区域内具有历史价值的溇港横塘包括 3 条横塘、73 条溇港。以横塘为纬、溇港为经的横塘纵溇系统是本项遗产的主体。此外还有横塘纵溇间 16 处湖漾，以及口门、涵闸、斗门等控制工程。湖漾是横塘纵溇间面积较大的水域，它们是太湖沿岸重要的水柜与生态湿地。溇港圩田的规模一般在几十亩至千亩左右，各处圩田具有完备的田中水渠、内港、外港及抽水泵站。其他相关水利遗产主要包括溇港上的古桥，各溇港口门附近保留的水神寺庙，与水事活动相关的祭祀活动等。

第一节　价值认定及现状调查

作为重要的灌溉工程类水利遗产，溇港工程体系应是主体，但是工程本身也折射出了当地不同时期的政治、经济、文化、生态特征，溇港的价值应从科学技术、文化、生态环境等多方面全面认知。

太湖溇港具有重要的科学技术价值，其布局合理，规模适度，工程体系完备，闸坝溇塘蓄泄兼顾、综合利用水资源；又具备深厚的文化价值，水管理制度、机构和法规制度及古桥、档案、碑刻、诗词、灌溉节日、民风民俗等，都反映了太湖溇港千余年的发展脉络以及历史文化特征。此外，其兴衰沿革还塑造了周边类型多样、水陆复合、人水和谐、缤纷多彩的生态环境景观。由此，溇港灌溉工程遗产的价值体现在三个方面（图4-1）。

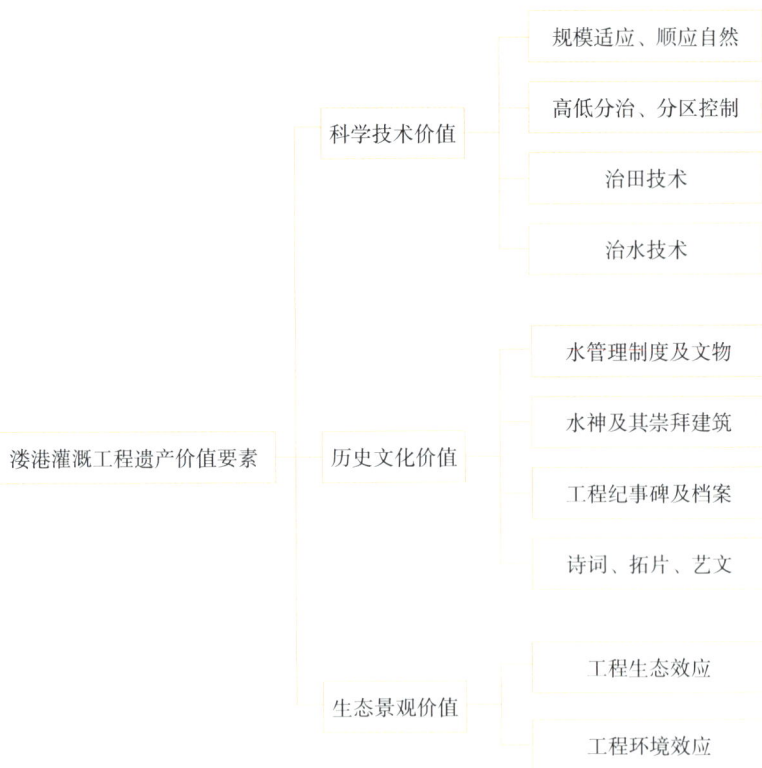

图4-1　溇港灌溉工程遗产价值评价图

一、价值认定

娄港工程体系见于记载至少有 2000 余年，娄港遗存的石桥、太湖堤至少 400 年历史。娄港工程保留有历史时期修建的堰坝、蓄水池、口门、附属渠道工程、治水与管理碑刻等。

娄港的修建是太湖地区灌溉农业发展的里程碑，为区域社会经济发展发挥了基础支撑作用。娄港系统是太湖流域特有的水利类型，该工程体系具有水利、经济以及生态文化功能，同时能够排涝、灌溉、通航等，也是孕育吴越文化、丝绸之府、鱼米之乡、财赋之区的重要载体，展现出太湖流域人民对低洼沼泽地区的利用和改造的伟大智慧，同时在世界范围内也具有十分重要的意义。元明清时期太湖流域已经成为中国主要粮食产区和纺织品生产地、漕粮的主要输出地，是 13 世纪以后中国南方经济中心之一。目前娄港灌溉面积 440 平方千米，一年粮食产量 87.48 万吨（2004 年），并形成集水稻种植、蚕桑饲养、淡水养鱼一体的精细农业、高效农业、特色农业。

娄港是顺应自然、布局科学的灌溉排水工程典范。通过纵娄、横塘、湖漾和涵闸斗门的修建，高低圩田都排灌得宜。凭借塘浦圩田和娄港圩田这种高效的农田水利系统，吴越地区富甲一方达百年之久。

娄港工程在其建筑年代是一种创新，为水资源利用方式、工程规划与建筑技术发展做出了贡献，蓄水和水量调节工程具有独特性和可持续性。太湖娄港由湖区、娄港、农田灌排系统、顿塘构成，是本土人民在湖泊水网区域的生存和发展进程中的伟大创造。溇港的开凿、维护与土地整治、农桑的发展相互促进，形成了相对独立的桑基圩堤，圩内形成了独立的灌排体系和农业生产体系。溇港、横塘与圩堤、桑田、鱼塘、湖漾之间的良性互动，造就了区域特有的河湖连通生态体系，清淤、储肥、灌溉、养殖各环节互动，形成了独特的人文和自然环境。

溇港灌溉工程管理制度具有中国传统文化烙印，是可持续运营管理的典范。溇港灌溉工程管理（尤其是疏浚工程）具有官民协同管理特点，是可持续运营管理的典范。五代吴越设置专业撩浅组织"撩浅军"；宋代已有比较完备的管理制度；明清时期管理制度更加系统，对人员配备、闸门启闭、岁修制度都有详细的规定。历史上遗留下来的碑刻碑文记载了溇港的发展历程，世代相传的用水制度被强调，管水的官员与用水户得到沟通，传承着溇港特有的管理文化。

湖州是太湖流域溇港和塘浦圩田系统开发最早、体系相对完善、具有明显特征的地区，同时也是唯一得到保留的地区（见图4-2）。在社会经济发展和本土先民与自然灾害抗争过程中，该水利工程结合太湖南岸地势较低以及河网密集的特点，并充分利用当时的水土资源建设条件，从而成为中国传统水利建设的一大典范，是生态、经济、交通、文化、社会协调发展，人水和谐的杰出代表，在华夏民族的文明史和水利史上，具有十分重要的地位。具体来说，溇港水利遗产具有以下价值：

（1）工程科技价值

在太湖未筑堤之前，由于太湖水域季节性、年际性存在较大差异，形成了旱涝交替的广大湖涂区域。通过筑太湖堤、修横塘、开溇港、治圩田，逐步形成了具有挡水、排涝、行洪、垦殖、航

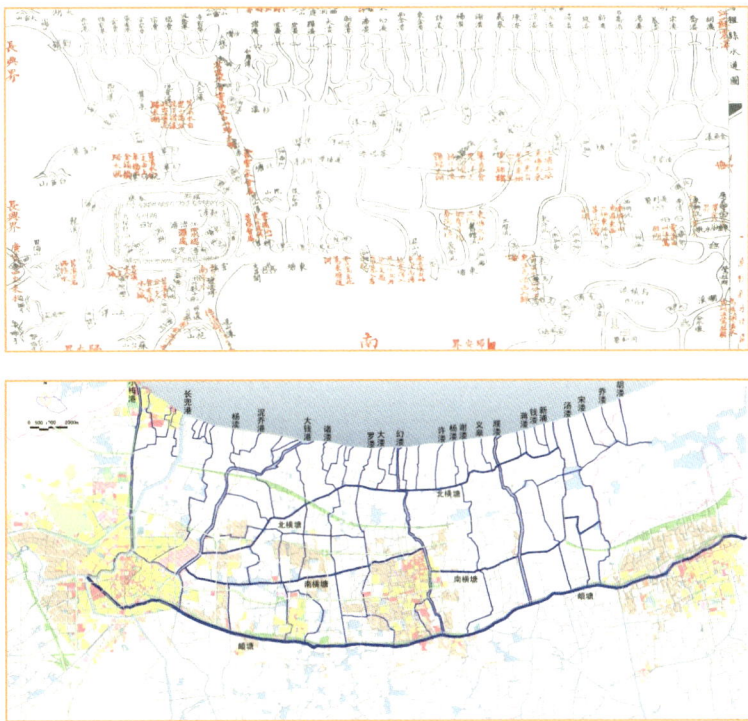

图 4-2　太湖溇港对比图：清代与现在（公元 1874 年与 2016 年）

运等功能的水利体系，造就了顺应自然、改造自然的和谐环境，体现了古代劳动人民治水、用水的智慧。

太湖溇港圩田系统规模适度，布局合理，设置科学，便于修筑、维护，体现了尊重自然、顺应自然的规划理念，以自然圩和独立墩岛为基础，因势筑围，逐一建成，保持了河流的连续性，是河湖连通的典范。

在长期的历史过程中，形成了溇港完备有效的水利工程体系和管理机制。根据太湖风浪的特点设置溇港口门，通过口门的朝向、大小节制水量，并均设有汛所专门管理。太湖溇港具有政府督导与民间自治相结合的管理机制，并通过溇港疏浚、防汛报汛等管理制度将治水治田、防洪排涝结合起来，形成了以溇港为核心的区域水利社会管理体系。

规模适度，顺应自然。以自然圩和独立墩岛为基础的吴兴溇港圩田，在塘溇支河和湖滩洼地上因势筑围，逐一建成。通过修筑横塘纵溇，围田作圩，置闸浚河，有效改善圩田的排、灌、蓄、引、降，便于疏干积水，排水入湖，旱时则从太湖引水，既没有隔断河流的连续性，破坏原有的河网水系，也没有占用或很少占用原有河湖水域，不妨碍行洪、调蓄，抗灾应变能力相对较强。

高低分治，分区控制。在洼地、湖滩、滨水低丘坡地上修筑各类圩田，由于所处的位置高低不同，治水治田的方法也有所不同。环湖之田和平原水网之塘，皆卑下，田面高程一般均在港、浦、溇、渎之下，而且田面略有起伏，呈大平小不平之貌。与湖相连之处，则必须筑圩围田，并开挖溇塘作为排水通道。滨海之田和滨水坡地，地势高仰，由于田面与水面的高差较大，取水灌溉不易，不得不蓄聚春夏雨水，用于灌溉。环湖之地常有水害，而沿海之地常有旱灾。因此，规模较大的圩区，必须根据地形高低，采取分区控制或加筑小圩的办法，清代范硕《水利管见》认为，应该"各立戗岸""另筑小岸以防之"，将圩区分成若干小灌区，以"间隔彼此"，形成"大圩如城垣，小戗如院落"。高低分治的办法，有效缓解了高低田的旱涝矛盾，也有利于分区抢救排水。明代耿橘《常熟县水利全书》说，"万一水溃外围，才及一戗（指小圩），可以力戽，即多及数戗，亦以众力齐戽""旱涝有救，高下俱熟，乃称美田"。傍山滨水的圩区，田形呈小平大不平之貌，汛期有山水入侵，旱时又需引水灌溉，除需要三边筑堤或一边筑堤，以挡外水（山水、溪水）入侵外，还需要在圩区周边开凿沿山渠道，以撇山水。遇到干旱，溪流枯涸，灌溉大成问题，所以又必须在圩田之间修筑山塘以蓄水。《吴兴掌故》说："若十亩而废一亩以为池，则九亩可以无灾患，百亩而废十亩以为池，则九十亩可以无灾患……当相视一乡之中，择其最高仰者，割为陂湖，先均其税额于众利之民，次营别业以補补田之户。"

治田技术。早在唐代，太湖流域的"水利田"就已经步入精耕细作阶段。南宋高斯德《宁国府劝农文》说："浙人治田，比蜀中尤精，土膏既发，地力有余，深耕熟犁，壤细如面，故其种入土坚致而不疏，苗既茂矣。大暑之时，次去其水，使日曝之，固其根，名曰靠（烤）田。根既固矣，复车水入田，名曰还水，其劳如此。还水之后，苗日以盛，虽遇旱暵，可保无忧。其熟也，上田一亩收五六石。"由于水稻对水浆管理和干湿的需求特别严苛，烤田时，要求田水迅速落干，复水时，又应及时补足，每亩水田的年耗水量高达 500～600 立方米。为防止洪涝渍旱和节约用水，就要求圩田排灌分系，沟渠配套，真正做到放得进、排得出、降得低，这也是"修稻人稼穑之政"的要点。唐广德年间（公元 763—764 年），朱自勉主持嘉兴屯田，曾提出一个理想化的塘浦圩田排灌模式："畎距于沟，沟达于川……浩浩其流，乃与湖连。上则有涂（途），中亦有船。旱则溉之，水则泄焉。曰雨曰雾，以沟为天。"圩内的排灌系统，"畎（渠）"要与排水沟保持一定区隔，形成排灌分系。沟要汇入干沟（川），并保证畅通，与纳洪外排的湖、海相连。塘岸之上有路，中间的

干渠可以行船。旱时可戽水灌田，洪水时能汇集于圩内原有湖泊洼地（池），无论雨天或晴天、高田或低田，沟渠排灌系统都是最重要的水利工程。

治水技术。圩田水利效益的发挥，主要取决于溇塘的治理。凌介禧《东南水利略》说："各溇港犹肺也，太湖犹腹也。"为保证洪水时圩内之水及时排入溇港，溇港之水又能及时经横塘分散流入太湖，干旱时又能通过纵溇横塘从太湖引水，溇塘水系的畅通是"低田常无水患，高田常无旱灾"的保证。清同治《湖州府志》卷四十三说："古人所由，南则界运河（荻塘）筑塘，以障洪流之冲，北则通太湖，以泄各溇之去"，"急流缓受"，"经络绮交，紧相贯注"，"全赖塘之关拦"，"是塘之兴废，实关溇港之通塞，相为表里也"。吴兴溇塘水系的疏浚、治理，历朝历代均十分重视。明洪武二十八年（公元 1395 年）至清同治十年（公元 1871 年）的 477 年间，除岁修外，大规模的溇塘修筑、整治就有 30 多次，约 15 年一次。每年秋冬季节，吴兴大钱港以东的 27 条溇港，在北风和湖流影响下，入湖口门极易淤塞，因而吴兴溇港的口门一律设计为向东北开口，建闸节制，并规定"重阳关闸，清明开闸"。各溇港口门水闸之内，还建有石桥，除利于行人交通外，每年清明开闸后，又可借助汛期洪水，以桥束水口，顺轨疾趋下冲，使溇港尽可能不出现淤塞。这些措施虽然未必能从根本上排除溇港口门的淤积，但溇塘水系整治技术的重要性显而易见。众所周知，在河湖沼泽垒堤筑圩的最大问题是取土困难，吴兴先民的办法是结合溇塘水系疏浚整治，"以挑浚溇港之泥，即为培筑圩岸之用"，这样既可解决筑圩的土料，又可达到圩固河深的目的，可谓一举两得。如果土源仍然不够，据清代吴云《致王补帆中丞论湖州水利书》说，"其距挑泥之所，路途较远，则于田内取土。其取土之田，仍令罱泥填筑"，万一新土疏松，"堆积"两岸，"致雨淋，仍卸溇内"，又结合鱼塘开挖，采取荒田取土、抽槽取土的办法，以保证填筑坚固，而挖浚溇塘产生的淤泥，则用于回填、平整。

溇港区域还有水情观测和日常养护制度。清同治年间规定，"管河主簿"负责验报水情，以确保圩堤安全，严防水冲浪蚀，各溇按需要配备"闸夫"，由乌程县丞、大钱巡检司和溇港总董管理。自北宋宣和二年（公元1120年）起，浙西各地设立水则，相当于现在的水位尺，单锷《吴中水利书》载："设遇洪潦，即以验水涨落，此法不独可以测水，且可据以勘荒。"清同治十一年（公元1872年）《溇港岁修章程十条》规定，各溇同步测量水位后，"先将此次估开各溇所测塘桥桥心石至河底若干，所开底面若干，立一石碑于书院中以为准则，并同日同时各准平水于各港塘桥石柱上横泐一画，以起一则，由下而上，每鲁班尺一尺为一则，递增至七则为止"。据载，吴兴的水则曾安放于织里镇陈溇村"五湖书院"。

溇港圩田水利还十分重视"因害设防"，就荻塘而言，虽然古代船只的吨位、动力较小，数量也远不如今，但"往来要途，河直而狭，洪水骤涨，数至逾岸"，因而塘堤"筑之宜高，然无波涛冲激，故边可石，中可泥"。对于"水势对岸直冲"的堤段，则"必须帮以石岸，方保无虞"。沿太湖口门的塘堤，由于"环峙中流，逢西北风，狂浪奔腾，震而难定"，"塘之筑，用以拒浪，非以徙行也"，除需砌石护岸外，还必须"一筑永坚"。据清同治《湖州府志》卷四十二记载，丁元荐《湖塘遗议》曾提出圩堤修筑的具体要求："施工要领，不在内河而在外塘。不在上面，而在下脚（即堤脚）。不在两头高阜处，而在中泜无芦护浪处。""圩岸内外，栽桑种柳，以固岸址。""栽桑种柳"其实就是生物护堤，起到保护堤脚的作用，并使堤岸上的天然草皮得以保持，避免发生"管涌"。同治《湖州府志》卷四十三载陈琴川《感事十二首》诗云："细草芟夷尽，沙崩将奈何。搴菱遮断土，下竹捍横波。"

（2）历史文化价值

太湖地区的溇港建设可追溯至春秋时期（约公元前500年），历经上千年的发展，至南宋时成熟完善，经元明清的持续经营而绵延至今。太湖溇港是区域人口增加、人水矛盾发展中出现的水利工程类型，它的形成和发展阐释了水利在协调人水矛盾中的社会功能。太湖流域自唐代起就成为中国粮仓和粮食的主要调出地，是中国经济重心，文化最为发达的地区。溇港见证了区域自然变迁和社会人文史，为春秋战国时期吴越争霸、江南运河开凿与经营，晋、唐、宋三次人口大转移和北宋"塘浦圩田"解体，以及南北方经济、文化交流等历史重要事件提供了特殊见证。

溇港地区具有鲜明的地域文化特点，特有的水管理制度衍生了区域性水神崇拜和灌溉节日，反映出太湖溇港千余年的发展脉络以及历史文化特征。各溇港口门和村镇附近至今仍保留着用以缅怀和追思治水先人的古寺（庙），还有祭雨祀晴、唱车水号子等民风民俗以及罱河泥等生态治田清淤、肥泥培桑技术，这些都是太湖溇港延续至今的文化基因，具有独特的文化魅力。此外，由溇港文化衍生的运河文化、稻作文化、丝绸（蚕桑）文化、渔文化、桥文化、船文化、园林文化、旅游文化等，也成为区域文化内涵符号。

（3）生态与景观价值

太湖溇港在特定的自然环境下，通过水利工程措施，完善了区域环境，形成了独特的圩田农业生态环境：利用众多湖漾、疏密有度的骨干溇港和"横塘纵溇"的独特格局，急流缓受、级级调蓄，有利于扩散山洪激流、增加排洪能力，较好地解决了汛期西部和西南山区苕溪等山溪性河流源短流急、激湍奔突、暴涨暴落和滨湖平原地势低洼、洪涝渍水不易外排疏干和旱季引水的难点；"田成于圩内，水行于圩外"的纵溇横塘和优化的农田水利系统也有力地催生和促成了桑基鱼塘、桑基圩田的形成和发育，利用开筑横塘纵溇和浚河取出的土方修筑堤防种植桑树，桑叶养蚕，蚕粪肥泥，肥泥培桑，这种独特的农田水利系统和营田方式为桑基圩田和桑基鱼塘的健康发育奠定了坚实的基础，并建成了符合循环经济理念和享誉中外的良性生态循环系统，也成为了现代河湖连通的典范。

溇港是太湖平原与水利工程共同营造的自然与文化景观，具有山、原、河、湖一体的特点，其中以湖州境内的溇港景观最为完善，最具代表性。湖州溇港体系内桑基圩田规模适宜、布局合理，与运河水运系统和城乡聚落融为一体，具有极高的经济、科学、社会、生态和美学价值。水利工程、圩田、村落等是这一体系中的重要环节。水利工程（溇港、堤防、涵闸、斗门、驳岸、埠头）、圩田，以及相关建筑（汛所、古桥、水神庙）等构成了遗产本体和区域文化景观要素。

二、现状调查

（一）保存现状评价

溇港是在用的古代水利工程，湖州境内的溇港仍是区域灌溉、防洪、排涝的骨干工程。近年城市化进程中，部分溇港堵塞，岸域存在过度园林化、房地产密集等影响溇港功能发挥和破坏遗产本体景观等问题。

1. 溇港

溇港系统整体格局尚存（见图4-3）。河道一般宽2～3.5米。大部分溇港北端通太湖，南端连通北塘河，或者间接连通戴山港或荻塘。

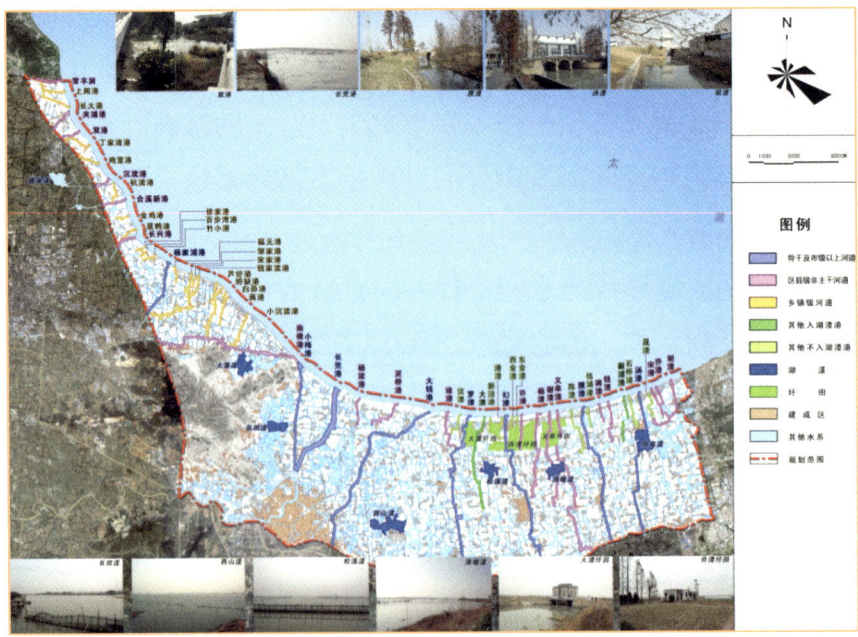

图4-3　溇港现状分析

近 30 年，在市场经济的冲击下，随着罱河泥等传统的疏浚措施终止，溇港淤塞呈现日益严重和通湖数量减少的趋势。20 世纪 90 年代为 73 条溇港通湖；2000 年通湖数目减少到 47 条；2015 年溇港通湖数量为 39 条，未通湖数量 34 条。由于缺乏水利、文物保护、城建等部门的相互协作，部分古代溇港堤岸、古桥、水神崇拜建筑被损坏，溇港通湖口遭到阻断。其中同溇港相关联的古湖闸也消失不见，溇港中的古桥都遭到不同程度的损毁，湖口淤积的土地也被侵占，用于房屋建筑。

2. 横塘

多数横塘被阻断，完整性遭到破坏，其中尚有 3 条主要横塘——颐塘、北横塘、南横塘基本完好。

3. 湖漾

近几年城市建设逐步加快，大规模的工程建设使得土地建设以及交通运输不断调整，填河围漾逐渐成为一种常态。同水争地的现象愈发严重，使得湖泊在调蓄、疏浚方面的功能受到极大的影响。工业的发展也带来水质污染的问题。

4. 水利工程设施

湖州市区浦港、陈溇、沈溇等众多涵闸都已相继被封，闸口涵洞仅剩十多座，18 条功能已废弃，但河道遗迹尚存，至今仍然发挥其原有的防洪、灌溉、交通功能者仅 21 条。

5. 圩区

城市化建设导致圩区面积缩减严重，桑基鱼塘的规模也随之日渐萎缩。渠道等基层水利系统年久失修，淤塞严重并存在环境污染，同时具有历史价值的史迹建筑也面临消失的危险。

（二）管理现状评价

太湖溇港水利遗产分别位于湖州市的2个行政辖区吴兴区、长兴县，水利系统分属省、市、县三级管理，农田系统由国土和农业主管部门管理，遗产保护涉及规划、文保、水利、环保等多个部门。多头管理使得太湖溇港水利遗产难以获得较为整体的规划和保护利用，从而给协调发展带来困难。

近年溇港水利文化遗产的核心价值已经得到了政府、公众的普遍认可，政府投入大量人力、物力、财力，并取得相当的成效，溇港水利遗产保护工作的社会效益和经济效益日益凸显。存在的主要问题是：溇港涉及水利、交通、市政、文物等部门，管理体制有待理顺；管理制度不够健全，缺乏有针对性的管理措施，保护区内存在未经批准的滥建现象；基层遗产管理人员缺乏必备的专业素质，溇港遗产本体及相关文物遗迹、遗物遭到建设性毁坏的现象时有发生。

（三）利用现状评价

溇港是在用的古代水利工程，横塘纵港的防洪、排涝、供水、水利功能还在发挥，圩田灌溉排水系统仍然发挥着作用。溇港遗产所处地理位置、保存现状、历史价值较具开发潜力，可实现保护与发展相协调。湖州历史文化在国内外有较大影响力和知名度，但溇港遗产知名度和影响力不高。遗产区基层政府组织和乡镇社区公众的溇港文化保护意识较强。

综上，提出太湖溇港水利遗产构成（见表4-1）。

表 4-1　　　　　　　　　　太湖溇港水利遗产构成表

类别		遗产名称
太湖堤防工程		
溇港横塘体系	横塘	頔（荻）塘（长湖申线航道）、北横塘（古运粮河）、南横塘（里塘河）、中横塘（中塘河、戴山港）
溇港横塘体系	溇港	大钱港、小梅港、新塘港-长兜港（原名张婆港、杭湖锡航道）、罗溇（南接义家漾港）、幻溇（幻晟航道）、汤溇（太嘉湖工程）、濮溇（南接轧村港、邢窑塘）、白米塘（东宗线航道）等73条溇港。保护重点是胡溇等30条溇港
溇港横塘体系	湖漾	大荡漾、松溪漾、清墩漾、陆家漾、长田漾、西山漾等湖漾
	控制工程	口门、涵闸、斗门、驳岸、河埠
溇港圩田体系	圩田	义皋圩田、大溇圩田、东桥圩田、许溇圩田等
	灌溉与排水渠系	斗渠、毛渠、沟
	控制工程	斗门、涵
其他相关遗产	古桥	双甲桥（乔溇）、尚义桥（义皋溇）、项王桥（汤溇）等
	寺庙	大钱村"天后娘娘庙"、杨渎桥村"徐大将军庙"等
	祭祀活动	三官会、放水灯、祭雨祀晴、龙舟竞渡、三十六溇歌、抗旱排涝时唱的车水号子、金溇马灯、杨溇龙灯等
	碑刻、历史典籍	

第二节　工程性遗产构成

太湖溇港水利遗产系统由三部分组成：太湖堤防工程、溇港横塘体系、溇港圩田体系。

（1）太湖堤防工程。太湖堤防体系的建设和完善，是溇港水网形成和圩田水利建设的基本条件。湖州境内太湖堤防长度约65千米（见图4-4、图4-5）。太湖堤防的建成，使溇港圩田所在的

区域水环境发生根本转变，由季节性涨水的滩涂涸出成陆，为灌溉农业和区域经济文化的发展创造了基本条件。

图 4-4　太湖堤防（2016 年）

图 4-5　明代太湖古堤（摄于 2020 年）

（2）溇港横塘体系。区域内具有历史价值的溇港横塘包括 3 条横塘、73 条溇港（见图 4-6 至图 4-15）。以横塘为纬、溇港为经的横塘纵溇系统是本项遗产的主体。此外还有横塘纵溇间 16 处湖漾，以及口门、涵闸、斗门等控制工程。

　　大钱港，在吴兴区塘甸乡，历史上有古闸。1959年8月在港口建七孔水闸，长30米、宽24米，1962年底建成。1971年12月始拓浚，南起东苕溪泄水故道和孚漾，北至大钱港入河口，全长22千米。1973年重建大钱口五孔水闸；1982年砌石护岸，改装修理水闸。

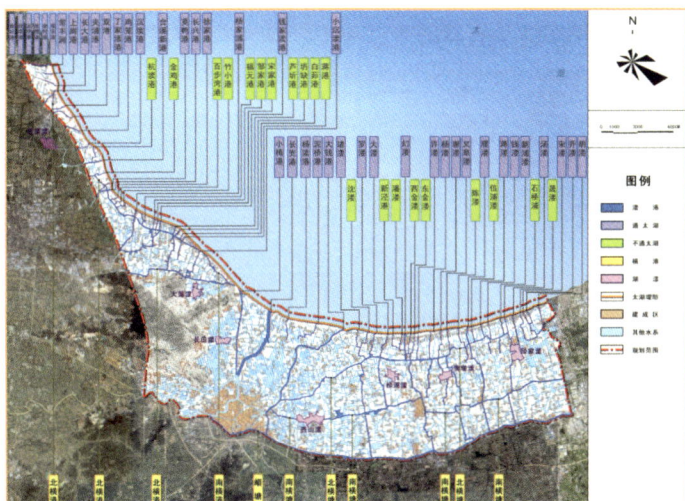

图4-6　溇港和湖漾分布图

图4-7　钱山漾遗址

图 4-8　太湖溇港之一：诸溇

图 4-9　太湖溇港之一：胡溇

图 4-10　太湖溇港之一：义皋溇

图 4-11　太湖溇港之一：大钱港

图 4-12　太湖溇港之一：长兜港

长兜港，又名张家港，在吴兴区塘甸乡。民国四年（公元 1915 年），自横港北流至太湖 1.6 千米，水深 2 尺，面宽 2.5 丈。1957 年底东西苕溪分流工程时拓宽挖深，全长 1.8 千米。

幻溇港，在织里镇幻溇村，长 2.7 千米，旧时有水闸。1957 年拓浚。1959 年重建三孔水闸。1966 年改建桥面、闸门。1973 年开挖进口、闸门段。1978 年疏浚湖口段。

濮溇港，在织里镇伍浦村。旧河道长 1.8 千米，1967 年拓浚至 9.8 千米。1970 年重建五孔新闸，宽 20 米，桥梁 7 座，砌石护岸 400 米。

1987 年开挖入河口，1982 年块石护岸 210 米。1983 年，改建闸门为上提式平板门。

汤溇港，在织里镇汤溇村。1977 年始拓浚汤溇、祜村、丁泾塘三港，改造河口控制闸。随之开挖丁泾港和拓浚汤溇港、祜村港，全长 12 千米，河底宽 15 米。汤溇港新建三孔控制闸，宽 18 米，入湖两岸砌石护岸 500 米。

图 4-13　太湖溇港之一：上周港

图 4-14　太湖溇港之一：斯圻港

北塘河，又名北横塘。清同治《湖州府志》卷二十一记载："北塘河自毗山溪北流折而东，过王母来桥，又东过塘下漾，又东过圆通桥，又东过太平桥抵竹马漾。"北塘河在吴兴区缕村以南，西起毗山，东至织里镇境内的陆家漾，全长 20 余千米，为西南来水入溇必经之道，极易淤淀。1973 年 1 月调 2 万余民工拓浚，3 月竣工。王母来桥至赤字塘桥河底宽 12 米，濮溇东至陆家漾口河底宽 6 米。据传，北塘河是元末朱元璋部将攻打湖州时运送兵马粮草的秘密河道。元至正十六年（公元 1356 年），张士诚部将驻守湖州。次年朱元璋命令部将耿文炳攻占长兴，两军相持长达 9 年。元至正二十六年（公元 1366 年），朱元璋命大将徐达、常遇春率兵 20 万，由长兴沿太湖走水道经小梅口，击溃了张士诚驻守在毗山的守军，进入湖州城东与张部决战。而北塘河这条秘密运粮河道，始终没有被敌人发现，有力地支援了徐达部队的军需。经过三个月的战斗，张士诚守军投降，湖州城被朱元璋部将占领。

图 4-15　小沉渎

荻塘，又称頔塘、东塘。晋永和年间吴兴太守殷康所建，自湖州城东至南浔，全长 33 千米。唐贞元八年（公元 792 年）湖州刺史于頔重修，故又名"頔塘"。明万历年间乌程知县杨应聘重修荻塘。万历三十六年（公元 1608 年），湖州知府陈幼学以青石筑岸，使堤岸坚固，面貌改观。清雍正六年（公元 1728 年）、光绪十至十一年（公元 1884—1885 年）也进行了整修。民国十二至十七年（公元 1923—1928 年），荻塘大修，南浔富商庞莱臣提议：堤岸全部用石不如兼用水泥，黏而且固，石可就近取于升山。经众议赞同，成立塘工董事会负责修筑工程。塘岸砌石用水泥镶嵌，使之"泥石交融，固黏不解"。塘岸上还用水泥压栏石，使塘岸坚固、整齐。历时 5 年竣工，翌年刻《重修吴兴城东荻塘记》碑。吴兴许文浚撰文，江宁邓邦述书并篆额，吴县周梅谷刻字，并在旧馆筑建了荻塘碑亭。荻塘是吴兴古代重要水利建筑和现代交通设施，1997 年被列为浙江省重点文物保护单位。

吴兴塘，即现今双林塘，与京杭大运河相通，是湖州市主要交通航道之一。南朝宋大明七年（公元 463 年），吴兴太守沈攸之始筑吴兴塘，灌良田二千公顷。沈攸之是德清武康人，一生从戎，亦读书善文，官至南朝宋车骑大将军。任吴兴主官期间，在城东率民建吴兴塘，为"江海田地与民共利"。《宋书》有关于沈攸之的生平记述。

湖漾是横塘纵溇间面积较大的水域，面积 20 万～60 万平方米，其中以盛家漾、大荡漾、松溪漾、清墩漾、陆家漾、长田漾、西山漾为比较大的漾。它们是太湖沿岸重要的水柜与生态湿地。

（3）溇港圩田体系。溇港圩田的面积通常为几十亩至千亩左右，在 20 世纪 50 年代至 90 年代进行了规模范围较大的联圩并圩，同时进行中小圩区和现代化圩区建设，但是总面积大于 1 万亩的中格局圩区数量为 75 个，只占总数的 4.48%，而面积在千亩以下的数量相对较多，为 1181 个，约占 70.46%。各处圩田具有完备的田中水渠、内港、外港及抽水泵站（见图 4-16 至图 4-25）。

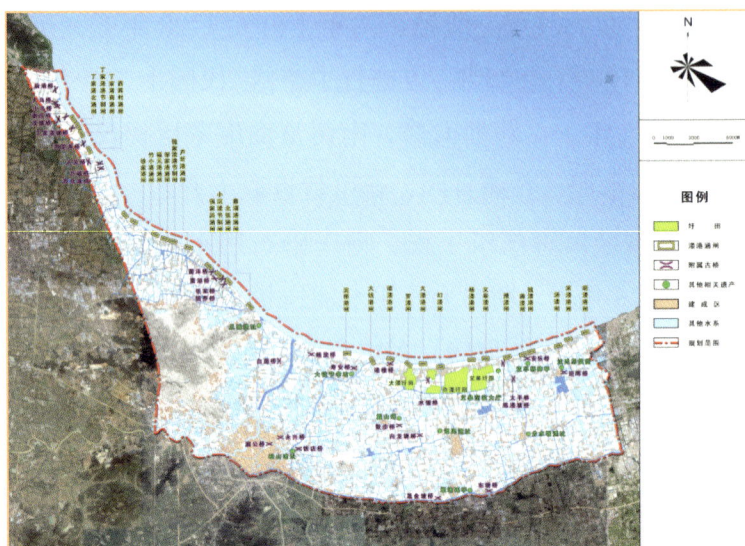

图 4-16　涵闸、圩田及其他水利遗产分布图

图 4-17　圩田系统示意图

图 4-18　圩田

图 4-19　灌区农田——水稻

图 4-20　灌区农田——小麦

图 4-21　东桥圩田

图 4-22　灌区农田及田间渠道

图 4-23　东桥圩田前浜水闸机埠

图 4-24　大娄圩田长家舍水闸

图 4-25　圩田排水涵闸

第三节　非工程性遗产构成

除了工程遗产外，溇港还有很多文化遗存，包括溇港上的古桥，各溇港口门附近保留的水神寺庙，与水事活动相关的祭祀活动、碑刻与文献记载等，它们见证了溇港的历史，与工程遗产共同构成了灌区特有的文化景观。

一、古村、古桥、古树

（一）小沉渎村

小沉渎村北临太湖，西接洪桥镇，东望湖州太湖旅游度假区。古代时，小沉渎一带地势相对较低，同时沼泽遍布，一旦到了雨季就会出现洪水泛滥的情况，很难进行农耕。直至隋唐时期，在地势较低的湖荡平原地区依然是幅员辽阔，人口稀少，到了唐朝中叶，人口不断增加，先民为了进行农业生产，在当地进行"塘、浦、溇、港"的建设，并且开垦圩田以求进行农业生产，直至明清时期，逐步形成了完整的溇港、圩田体系和桥梁、闸门等交通、排灌设施。目前，小沉渎村区域面积 2.2 平方千米，共有自然村 12 个，承包小组 19 个，农户 535 户，人口 1845 人，水田 1500 多亩。中心村规划面积 21479 平方米，总户数 658 户。

小沉渎港位于小沉渎村东，全长 1.5 千米，平均宽度 4 米，溇口底高程 0.66 米，2011 年溇口重建小沉渎闸，孔径 5 米，设计过闸流量为 16 米³/ 秒。桥上有古桥"震湖桥"，建于清同治年间，是小沉渎口门、太湖堤演变的见证。

太湖古堤始建于明朝，用宽 35 厘米、高 28 厘米、长 120 厘米的青皮条石砌成，主堤长600米，宽1.2米，高2.8米，原为太湖临水堤，1999年环湖大堤建成后，此堤退出原有功能，现为小沉渎横塘堤。小沉渎横塘上有无名桥，为异地迁建而来，桥上两块黑色石板为12世纪开采，其他四块为17世纪开采。

锁界桥建于清代同治七年（公元1868年），单孔石拱桥（见图4-26）。2003年列为县级文保单位，桥长20米，宽约2米，两侧各铺15级台阶，桥面中央为八卦图案，桥身护栏间有6根望柱。桥两侧有两副楹联："不假丹青远瞩近瞻胥是画，非关色相唉声德颂咏诸诗""锁南北以成梁山湖竞胜，界东西而作砥苔箸交通"，后一副楹联是首藏头诗，蕴含了锁界桥名之来历。

图4-26 锁界桥

（二）义皋村

义皋成村于五代时期（公元907—960年），距今有1000多年的历史。位于吴兴区织里镇东北6千米，湖薛公路北侧，距太湖仅250米。清同治《湖州府志》记载："汉元始二年（公元2年），吴人皋伯通筑塘以障太湖。"后人嘉皋伯通义举，遂以为村名。齐永明四年（公元486年），吴兴郡太守李安民为顺应民心，排洪引灌，利运兴农，在滨湖地区组织民众大规模开泾（溇港）入湖，是南北朝时六大水利工程之一，该村的义皋溇、陈溇即在此时所建。义皋村为太湖溇港环绕，农耕时期为南船北车集散要冲，村落、溇塘圩田、桑基鱼塘交错其间，既是商贸通途亦是耕读之乡。今古桥、水闸与老街杂陈，尚义桥当老街正中，店肆街石排列规整。大宅以范家大厅为最，书房庭院古风犹存。2014年被列入国家级"传统村落"名录。

河埠群和尚义桥。河埠群是溇港特有的设施，便利溇区沿岸居民取水、往来船只卸货和人员上下。其与前后的石桥群共同起着"逼水归槽，束水攻淤"的作用，以减少溇港及口门的淤塞。尚义桥处于义皋古村的中心位置，始建于明代，于清代乾隆年间重修，是保存较好的清代单孔石桥之一，其造型古朴庄重。桥额有楷书题字。桥南北两端有楹联。尚义桥下的义皋楼为太湖南岸地区最重要的河道之一，是连接义皋村的唯一水运通道。2015年，尚义桥被湖州市政府列为湖州市文物保护单位。

常胜塘桥（见图4-27）位于尚义桥东南0.8千米，横跨于胜塘（圣堂）之上，故名。该塘河又称皋桥港，位于寺前河与北横塘（北塘河）之间，与义皋溇通，为缅怀皋伯通治水的功绩，又名"高（皋）桥"。桥联"王路聿新遵礼义，君波无限及江皋"。桥宽2.8米，长11.2米，拱高4.9米，为风貌保存较好的单孔古拱桥之一，其形制、架构、材质均与尚义桥相仿。

图 4-27　常胜塘桥

（三）大钱古镇

在湖州市区东北 9 千米。据清同治《湖州府志》载："大钱镇，在府城北二十八里太湖口，有巡司驻扎。"此太湖口即今大钱口，位于今大钱村东北约 2 千米，后来"经兵火后，民居寥落"，湖口巡检司于清同治十一年（公元 1872 年）移驻陈溇。明清时，大钱属乌程县二十四都。"大钱"之名始于宋代以前。据宋嘉泰《吴兴志》引北宋《吴兴统记》载，景德元年（公元 1004 年）已为"大钱镇"。康定二年（公元 1041 年），胡宿继滕宗谅为湖州知州事，在大钱口建太湖神庙（俗称平水大王庙），并上奏议春秋祭祀。又据宋洪迈《夷坚志》载，大钱村曾有钱龙散钱的传说：南宋"乾道十年春，农民朱七为人佣耕，一日天气阴晦，见一青物自东北乘风飞过，状若簏籐，坠下散钱如雨，俯拾之得七百余枚，俗所谓钱龙者，疑此是也"。

（四）陆家湾

古名"绿葭湾"，因南濒绿葭漾（即今陆家漾）而得名。清光绪《乌程县志》列传载，明清时期绿葭湾民居兴旺，清代有陆永发以孝义名天下。清代太湖营分防乌程县各汛，绿葭湾属伍浦汛六汛之一，驻有守兵。陆家漾曾是漾西乡镇政府驻地，商业繁荣，现有许多企业。陆家漾河水清澈，芦苇丛生，风光秀丽。旧时有上海人在这里买地修筑别墅。民国时期上海青帮头子黄金荣门徒陆连奎出生在陆家湾。

（五）古陈溇市，今陈溇村

据清代《大清一统志·湖州府全图》载，溇港沿岸有陈溇市、圆通桥市。这些"市"即是当时具有相当规模的自然镇或较大的集镇。陈溇在义皋以东，北滨太湖。明清时名为"陈溇市"。清光绪《乌程县志》载："陈溇市在府城东北五十二里。"商市繁荣，文风颇盛，缙绅官簪连绵。陈溇地处滨湖要地，清光绪年间，原驻于大钱镇的大钱巡检司移驻陈溇，成为湖滨要塞。

（六）古桥

杨渎桥，在环渚乡杨渎桥村，始建年代失考，清同治《湖州府志》有载。杨渎桥为单孔石拱桥，东西走向，长约23米，宽度3.2米，拱高5米，两块石阶各20级。桥上有护栏，下端有抱鼓石。用材为花岗岩及太湖石两类。拱券为并联分节砌置，间壁石端面平直，侧棱抹削。金刚墙以太湖石为主，错缝平砌。桥南柱有楹联："柳色映虹腰人行画里；波光摇雁齿舟泛奁中。"桥北楹联模糊不清，难以辨认。杨渎桥造型古典，气势雄伟，保存完好。2003年8月，被湖州市人民政府列为重点文物保护点。

诸溇桥，在织里镇西北诸溇村。始建年代失考，明崇祯《乌程县志》有记载。诸溇桥为单孔石拱桥，桥长16.6米，拱跨径8米，拱券结构采用纵联分节并列砌置法。桥两侧为石质栏板，栏板间嵌有8支望柱,肩墙由两对系梁相连,系梁伸出两端雕刻精美花卉图案。诸溇桥古朴庄重,从石质风化程度判断,其历史应有400年,至今保存完好。2003年8月,诸溇桥被公布为湖州市文物保护点。

安庆桥,在织里镇西北沈溇村。建于清代,系单孔石梁桥,有题额"安庆桥"字。桥长约10米,宽约2米,以条石为桥柱,上置系梁。

大溇桥,在织里镇西北大溇村。始建年代失考,清同治《湖州府志》有载。大溇桥为单孔石拱桥,长约15米,高约6米。拱券结构采用纵联分节并列砌置法,桥两侧有栏板,桥额因风化模糊,肩墙上长满青藤、枸杞。桥两岸有古朴民宅。小桥、流水、民居融合一体,宛如江南水乡的美丽风景画。

永济塘桥,在织里镇北5千米的杨溇村,故又称杨溇桥。始建年代失考,明成化《湖州府志》有载。桥长约15米,高约6米,乃单孔石拱桥。拱券结构采用纵联分节并列构筑法,桥两侧有栏板,栏板间嵌望柱8支,其中4支雕有坐狮,栏板末端置抱鼓石。桥额刻"永济塘桥"四字。边款刻"中华民国十年里人重建"。桥的肩墙上嵌有石碑,"文化大革命"时碑被涂上水泥,字迹无法辨认。永济塘桥南北两侧有楹联。南侧桥联内容为:"湖滨锁钥,往来要道;杨溇运脉,南北通流。"北侧桥联为:"红龙千秋,永资保障;紫苍三元,济涉行人。"

尚义桥,坐落于织里镇东北义皋集镇,连接义皋老街。尚义桥为单孔石拱桥,长约10米,宽3米,高约5米。拱券结构为纵联分节砌置法,两侧有栏板,栏板间嵌望柱8支,桥形古朴,已有数百年历史。尚义桥距太湖仅数百米,两岸民居有清代和民国年间建筑,登桥眺望,有返璞归真的感受。古桥南北两侧有楹联两副，对仗工整，读之回味无尽。北侧桥联："民有淳风称义里；流分沙漾庆安澜。"南侧桥联："大泽南来，万里康庄同利涉；春波北至，千秋浩淼永安澜。"

陈溇塘桥，在织里镇东北 6 千米陈溇村。明代府、县志记载为"陈溇桥"。系单孔石拱桥，长约 10 米，高约 5 米，桥型精致玲珑。拱券结构为纵联分节砌置法，两侧有栏板，栏板间有望柱 8 支。两侧均有桥联，撰联人文化功底深厚，内容气势大度。南侧桥联："塘跨苏湖，鱼梁压渡；村茗竺泽，虹影卧波。"北侧桥联："北达苏常帆影远；南来苕雪水光清。"落款为镇长李三寿题。民国二十年（公元 1931 年），吴兴县设置义皋镇，镇长李三寿，此桥应是这一年重建。陈溇塘桥至今保护完好，静静地躺卧在窄窄的溇港上面，是游览太湖溇港的一道景色。

安乐桥，坐落于距织里镇东北 7 千米的濮溇村，为单孔石梁桥。明代府、县志记载为"濮溇桥"。重建于清乾隆年间，长约 10 米，宽 2 米，桥梁、桥柱由 4 块条石排列筑成。桥柱中有 2 块条石雕有佛教的幢幡，上下均有花卉图案。

安乐桥，此安乐桥在织里镇东北 8 千米的蒋溇村。清同治《湖州府志》记载为"伍浦桥，名安乐"。此桥为单孔石拱桥，由花岗石材构建，结构采用纵联并列砌筑法，长约 15 米，宽约 2 米，东西各有石阶 10 级，顶上有栏杆，造型古朴庄重。桥上长满树藤，桥龄不少于 400 年。

狮子桥，在织里镇东北汤溇村之石桥浦自然村。始建年代失考，明清府县志记为"石浦桥"，又名普安桥。桥型为单孔石梁桥，花岗石等材料构筑，长约 10 米，宽 2 米。桥上有石狮、抱鼓石等。

庆安桥，在距织里镇东北 12 千米的宋溇村，东西向横跨宋溇。

明成化《湖州府志》、崇祯《乌程县志》记载为"宋溇桥"。清光绪二十八年（公元1902年）重建。单孔石拱桥，拱券采用纵联分节并列砌置法。桥长约12米，宽2米。南北两侧有桥联。南侧桥联："一水迢迢，南通五漾；层峦隐隐，北注三山。"北侧桥联："苕水波平，旋资利涉；柳塘风静，永庆安澜。"内容尽述庆安桥的地理位置与吉祥祈愿。

述中桥，在织里镇乔溇村之胡溇自然村，东西走向跨胡溇。明成化《湖州府志》、崇祯《乌程县志》记载为"胡溇桥"。述中桥是单孔石拱桥，拱券采用纵联分节并列砌置法。桥长约15米，宽2米，肩墙有4对系梁相连，桥上栏板间嵌有8支望柱，东西各有石阶12级。桥南北有楹联两副："桥以中名，界分江浙；（缺下联）。""南漾北湖，中流砥柱；东吴西越，要道津梁。"

广济桥，在织里镇乔溇村之胡溇自然村。是单孔石梁桥，花岗石等材料构筑，长约12米，宽约2米，仅能看到桥的下联："济仁利涉，放舟南北畅流通。"广济桥侧原有宋代寿宁寺，里人称其为寺前桥。光绪《乌程县志》所载清金恩绶《重建寿宁寺记》中说："或曰胡安定公别墅后人改建为寺第……庭前双柏，可数围，则非近代可知矣。"寿宁寺至今虽有千余年历史，但毁圮已久，遗迹中原有银杏两棵，一棵在20世纪90年代自然起火而焚，尚存的一棵，树干挺拔，枝叶葱茏，高20余米，围约4米。古银杏与长满青藤的古桥相映成趣。

广福桥，俗称大古环桥。在距织里镇东北13千米的胡溇自然村，与江苏吴江市七都镇交界。清同治《湖州府志》记载："（广福桥）为苕水自西南来东北入太湖。"广福桥始筑于元至正十四年（公元1354年）。明正统十四年（公元1449年）重修，有记。嘉靖十六年（公元 1537 年）里人集资重建。现桥为明天启元年（公元 1621 年）由乌程县与江苏吴江县合建。广福桥为单孔石拱桥，拱券采用纵联分节并列砌置法，由花岗石等材质建成，上无袱石覆之。金刚墙用不规则块石砌叠，桥长 17.5 米，宽 2.34 米，拱矢高 3.17 米，跨径 6.9 米。桥两侧草木丛生，青藤攀援。该桥建筑特点一是古朴稳重，二是弧度大，三是跨度大。桥跨江浙二省，地理位置非同一般。

永隆桥，在织里镇西北张港村。系单孔石拱桥，花岗石等材料构建，桥长约 15 米，宽 2.7 米。拱券采用纵联分节并列砌置法。今桥面栏杆改用钢管护栏。

迎晖桥，在织里镇东北陆家湾村，跨陆家漾支流，系单孔石拱桥。桥长 14.7 米，宽 2.33 米，拱高 3 米，跨径 4.3 米，材质为太湖石、花岗石，拱券采用纵联分节并列法砌置。桥两侧置素面石栏板，栏板间嵌望柱 12 支，栏板末端置抱鼓石，南北石阶各 12 级，桥心龙门石为祥瑞图案。桥额刻"迎晖桥"三字。

二、水神寺庙及祭祀活动

时至今日，在太湖沿岸的溇港口和村镇周边依然存在一溇一寺（庙）的格局（见图 4-28），由此能够看出人们对于"救世济人""治水有功"先人的敬重和怀念，举例来说，位于大钱村的"天后宫娘娘庙"最早建于宋朝时期，原名为"太湖神庙"，相传，此庙的建立是为了祭祀妈祖救助渔民。而杨溇桥村的"徐大将军庙"，则是为了祭祀"晋里人徐贲"，进行祭祀的原因大致与前者相同，都是由于其拯救了渔民和落难的船只。除此之外，还有乔溇村建于唐五代时的布金寺、杨溇的大庙和大溇的紫金庙等。

在溇港圩区，每到农历的二月底三月初会进行"三宫会"，主要是对"天宫、地宫、水宫"进行祭祀，并且会举行亮天灯的仪式。每年的农历腊月二十三还会供奉蚕丝鲤鱼送灶君上天，除此之外还有"放水灯""蚕花节"以及祭雨祀晴的活动。长兴的"百叶龙"、双林的船拳、菱湖的"挠彩舟"、练市的水上秋千（标杆船）、抗旱排涝时唱的车水号子等，均颇具地域特色。

图 4-28　古庙古桥

　　溇港区域的非物质文化遗产主要有农事祭祀活动，如"青苗会""谢田神"等。有在长期生产生活中口头流传的歌谣、谚语，如反映旧社会底层农民生活的民歌《长工苦》，记述艰辛生活的《除夕夜忙歌》，还有反映男耕女织的爱情山歌等。民间谚语更是农耕文化中的精粹，如"杨柳青，粪是金"等，均蕴含着丰富的哲理和对农事活动的归纳总结。每条溇港都有一座水神庙，每年举行祭祀，祈求粮食、桑蚕以及水产的丰收。古代湖州人着拙裙，这是便于从事河工疏浚而出现的特殊服饰，这里的很多村落也以溇港开凿者或管理者名字命名，一个个村落和一座座古桥无不是溇港历史的缩影。

溇港区域种桑养蚕的历史悠久，千百年来，积累了许多桑蚕习俗，进而形成了独特的桑蚕文化。桑树的来历有故事传说，溇港农民种植桑树有规矩避讳。蚕在民间称为"蚕宝宝"，可见桑蚕在农民心中的地位。拜蚕神是养蚕季节庄重的祭祀仪式，民间的祈蚕歌《马明王》则记述了整个蚕事活动。蚕文化几乎贯穿于溇区农民的生活中，如灶台上写有"田蚕茂盛"的吉祥语，除夕夜小孩子拎着灯笼唱"猫也来，狗也来，蚕花娘子到伢府上来"的童谣，都是人们对蚕茧丰收的文化期盼。含山蚕花节则是吴兴农村桑蚕文化的集中表现。桑蚕文化还延伸了丝绸文化，使古城湖州名扬天下。

溇港圩田的独特形式，使吴兴农业的田间劳动风格鲜明，具有自己的特点。圩田由大小不等的"坝"组成，大坝中往往还有若干小坝。各大坝都置有 1 ～ 3 扇坝门，也有大有小，门两侧用块石砌筑，中间凿有内外两条凹槽，配有相应的闸板，板阔约 1 尺，厚约 1 寸。因洪涝灾害频繁，溇区农民自古以来重视防洪，形成了一整套特定的乡规民俗。每遇洪水，内港与外港水位持平时，即关坝门。一般由邻近自然村负责，由专管员鸣锣高喊："关坝门了！关坝门了！"人们听到锣声立即集合，按编号顺序，将一块块木板坝门插入石槽闸死。同时，严禁高坝向内港放水，若洪水猛涨，外港水位迅速提高时，再关闭第二道坝门板，并视水情需要，在内外两道坝板中间用泥土填堵，俗称"仓泥"，至洪水退落，外港水位低于内港水位时，方可取泥拔板。

平原水网地区的村庄、桑地、鱼塘都在坝内，洪水来时，万一发生倒坝，不仅良田受淹，村民生命财产也将遭受严重损失。为防止洪涝时倒坝，自古以来就有"端牌转坝"法，成为具有地方特色的民俗。圩门关闭后，洪水继续猛涨，外港水位接近警戒线，警戒线标记做在圩座位置最高的自然村，所属自然村立即发出通知，开始"端牌转圩"。根据圩堤路程，一般一里一牌。牌为木质，形如划桨，白漆编号。一牌配一铜锣，俗称"太平锣"，牌锣编号相同。轮到端牌者，按划定地段，边敲慢锣，边接送牌锣，眼看耳听，巡逻圩堤。凡发现漏洞、裂缝、塌方，立即鸣紧急锣声为号，村民们闻锣报警，即自动奔赴现场抢修。"端牌转圩"日夜不停，直到险情解除为止。

三、碑刻及文献资料

溇港经过 2600 余年的发展，遗留下了极为丰富的碑文，这些石刻碑文是研究溇港历史以及当地发展的珍贵史料，同时也是中国水利史上极为珍贵的资料，涵盖的内容有溇港地区的源流变化以及修治建设的规模、方法、内容以及取得的成效、主建者的功绩等，并且从多个角度对当时的社会发展、经济文化等进行了概括总结。

溇港水利事关国计民生，历代吴兴文人、学者，无论位居庙堂，还是身处乡野，无不亲历考察，潜心研究，实事求是，直言利害。北宋宝元年间，胡瑗办"湖学"，经学治事并重，明体达用，设立水利专科"水利斋"。北宋熙宁六年（公元 1073 年），郏亶上陈《吴门水利书》之后，溇港水利文献不胜枚举，至今尚存的著述就达 50 余种，实为古代显学。明清时代，吴兴地方文人、学者不仅研究溇港，著书立说，而且直接参与水利勘察和治水工程。清道光三年（公元 1823 年）湖州大水，凌介禧撰写《东南水利略》，并参与溇港勘察和溇港疏浚、横塘重修。清光绪年间，徐有珂提出《重浚三十六溇港议》，受命负责溇港岁修，以举人身份管理溇港水利。据《永乐大典》二千二百八十卷《湖州府六》记载，湖州"沿湖之堤多为溇，溇有斗门，制以巨木，甚固，门各有闸版，遇旱则闭之，以防溪水之走泻，有东北风亦闭之，以防湖水之暴涨，舟行且有所舣，泊官主其事，为利浩博。不详事始，今旧闸有刻'元丰'年号者，则知其来远矣。后渐堙废，颇为郡害"。"元丰"是北宋神宗年号，自1078年至1085年。溇港兼有蓄水、泄水两大功能，管理与疏浚同等重要，明代永乐年间发现的旧闸板表明，吴兴溇港设置闸门，并有官员管理，至迟在北宋元丰年间就形成了制度。

南宋时，寓居湖州的地理学者程大昌，曾撰《修湖溇记》，记载南宋绍兴二年（公元1132年）知州事王回在吴兴修溇置闸，"桥闸覆柱皆易以石，其闸钥付近溇多田之家"。应该说，湖州溇港的疏浚和维护，在宋代已经成为水利重点，但溇港水利对周边地区的意义尚未引起足够重视，后来经过反复争论，直到清代才引起广泛重视。清同治《湖州府志》引用钱福《重筑湖堤记》记载，明弘治年间，工部侍郎徐贯曾主持修浚溇港，并修筑七十里石塘，不久又荒废了。明代没有认识到溇港水利的重要性，关注焦点不在太湖上游，致使吴兴溇港年久失修。明代伍余福《三吴水利论》之六《论七十三溇》记载，乌程县三十九溇和长兴县三十四溇，在明嘉靖年间，淤塞过半，农田常遭淹没。乾隆《乌程县志》载，范硕《水利略》说"支河水流干涸，沙砾填积"。又载严述曾《水利条议注》说："入湖之处芦滩壅阻，河道浅狭，南水不来，北水反上，亟宜开浚以通上流。"至清代，湖州的水患更加严重。康熙年间，御史沈恺曾（湖州归安县人）上奏《请疏太湖疏》，要求开浚溇港，并著《东南水利议》。地方绅士童国泰上奏《水利条议》，也要求开浚溇港。

经诸多官员和地方士绅呼吁，吴兴溇港疏浚得以实施。《大清会典事例》卷九百二十九《水利》记载，康熙四十七年（公元1708年），疏浚杭、嘉、湖三府淤浅溇港，建闸六十四座。乾隆五年（公元1740年），修浚湖州府分流各支河，并将钮家桥等地及附郭壕堑逐段开通，"以资蓄泄，灌溉民田"。乾隆二十八年（公元1763年），又开浚湖州府溇港。道光三年（公元1823年），杭、嘉、湖大水之后，疏浚溇港的呼声再次高涨，引起朝野重视。官方选派王凤生勘查太湖上游水利，完成了详细的勘查报告，即《浙西水利备考》。吴兴地方学者凌介禧也参加了此次水利勘查，并形成了他的水利专著《东南水利略》。道光五年（公元1825年），全面疏浚乌程、长兴、归安等十二州县的河道，并修筑了乌程、长兴两县的塘闸桥坝，溇港的功能从此得到明确肯定。《大清会典事例》说："浙江水利，在浙东则有海塘，在浙西则海塘而外又有溇港。湖州府属乌程县境有三十九溇，长兴县境有三十四溇。"将溇港与海塘相提并论。

清光绪《乌程县志》卷二十六《水利》这样强调疏浚湖州溇港对周边地区的影响："他邑之水入境，先聚于县南碧浪湖，而后散于县北大钱、小梅二港及三十六溇，以泻入太湖，其分入县东运河以达浔溪者，亦仍由溇港以泻入太湖者也，入湖则由江而出海矣，长兴虽与乌程同滨太湖，但长兴止泻近境山涧之水，乌程则泻远境杭、嘉二郡崇峦巨壑之水，其奔驰掀翻不可同日而语，治之之法惟岁浚三十六溇，俾无淤阻，则碧浪湖亦不致久停而涨塞，乌程利则五邑皆利，并杭、嘉二郡亦利矣。"值得注意的是，此处提出"岁浚"，认为溇港治理应该每年疏浚。

凌介禧《东南水利略》在分析湖州之水源流、列举历代治水事迹后说："湖郡之水，利在溇港者，为入太湖之尾闾，而所以达各溇港，若北塘河之贯其端，东运塘之障其流，首蓄于碧浪湖，分泄于各河道，通塞均关利害。"他认为吴兴溇港是一个体系，纵溇横塘，皆事关重大，因而他在《水利宜有专治之人》中提出设专官治水，也就是说，吴兴溇港治理应该有一个类似于今日水利局的机构。早在五代吴越国时，太湖流域曾设都水营田司主管农田水利。宋代因重视漕运，转运使代替都水营田司。元代开始，在吴兴溇港地区的大钱湖口设湖口寨，并派兵防守。明代延续元代制度，在大钱设巡检司。明成化年间，还曾设"劝农通判"官职，协同县丞专管水利，但是，据清代金友理《太湖备考》卷三水利记载，明嘉靖年间，废除了"劝农通判"官职。清代继续在大钱设巡检司管理溇港，乾隆初年，巡检司移驻新浦，后曾移驻陈溇。清同治年间，江南成为太平天国活动范围，溇港管理荒废。《湖州府志》记载，战乱结束后，浙江巡抚杨昌浚上奏，要求将巡检司移驻大钱迤东二十七溇适中之地，并将县丞衙署移驻大钱迤西适中之地，专门管理"闸口启闭"。

但是，由于溇港年久失修，浚修工程繁重，地方政府筹措经费出现困难。光绪《乌程县志》记载，吴兴乡绅吴云和徐有珂分别提出了《重浚三十六溇议》，这一提案不仅措施具体，而且对地方政府历年的疏浚进行检讨。其中提到地方政府既害怕水患"病民"，又害怕筹措疏浚经费"病民"，最后因经费不足致使溇港管理难以为继，应该确定以地方自筹经费为主，并落实管理机构。《重浚三十六溇议》提出后，其建议得到重视，地方政府也积极支持，同治十年（公元 1871 年），以《重浚三十六溇议》为基础，由候补知府史书青执笔起草了《溇港岁修章程》。章程上报后，浙江巡抚杨昌浚认为："各条均尚妥协，应即督饬经管绅董实力奉行，毋稍懈忽。"

《溇港岁修章程》规定，溇港"疏治宜轮"，每年"轮开六港"，总计三十六溇，六年为一循环，周而复始。每年开闸、闭闸，由专门管理人员亲往查验。对每年的疏浚经费也做出了具体规定，确定由候补知县钮福和举人徐有珂专门负责溇港岁修。当时议定，幻溇以西至小梅口归钮福管理，西金溇至胡溇归徐有珂管理，一切"岁修善后事宜"皆由两位乡绅实心经理。两位乡绅还各保举"勤慎耐苦之人"一名，"帮办司事"，"分任其劳"。至此，吴兴溇港治理进入制度化阶段，历代吴兴文人、学者对溇港的研究，终于在现实中转化为成果。

溇港碑文最早应是在宋代绍熙三年（公元 1192 年）有所记载，直学士程大昌修治溇港后所立的《修胡溇记》石碑已佚，碑文还有记载。现存碑刻不多，存放也不集中（见图 4-29）。

图4-29　同治十年（公元 1871 年）《重浚溇港善后规约》

附：碑文

宋绍熙·修湖溇记

清同治《湖州府志》卷四十七《金石略二》："〔吴兴志〕在州治。宝文阁直学士程大昌撰，敷文阁待制沈枢书，敷文阁待制贾选题。盖绍熙三年（1192）三月建。"石佚，据卷四十三《水利》引程大昌《修湖溇记》数语：

绍熙二年（1191），知州事王回修改二十七溇名，曰：丰、登、稔、熟、康、宁、安、乐、瑞、庆、福、禧、和、裕、阜、通、惠、泽、吉、利、泰、兴、富、足、固、益、济。而皆冠以"常"字，欲其常有是美也。惟计家港近溪而阔，独不置闸。桥闸覆柱，皆易以石。其闸钥，付近溇多田之家。

新修青塘堤岸记

元后至元程郇撰。

青塘，始筑于三国吴。南朝梁吴兴太守柳恽重浚，易名柳塘，又名法华塘。"所包甚广，几城西北之堤岸皆是也"（清光绪《乌程县志》卷五《塘堰》）。元后至元元年（1335），乌程县丞宋文懿修复，程郇为记。石佚，清同治《湖州府志》卷四十九《金石略四》引明万历《湖州府志》载文：

吴兴，为江表名郡。乌程，古秦县也。包围震泽，雄盖吴会，民淳俗厚，政化易施。近岁以来，官于是者鞅掌于簿书，期会之间，日不暇给。政庞而不知理，俗敝而不知化。凡关于民隐者，因循苟且，固其宜也。苕水自天目来，曲折过清（青）塘门，东北与霅水合而入于太湖。汛滥洋溢，故为长堤，数十里而抵长兴，以截水势之奔溃，以卫沿堤之良田，以通往来之行旅。先是土筑，岁必加葺。数十年来，失于修治，堤外水决，往来者病于徒涉，而沿堤之田亦成沮洳，莫有过而问者。至元再纪元之初，真定宋君来丞乌程，诹咨利病，恳恳以民隐为念。暇日行视田里，顾瞻太息曰："此非长民者之责乎？"乃议易以石甃，足支永久。咸以役大费重为虑，曰："是诚在我。"乃首捐己资，畚土辇石，召匠庀工。民欢趋之。富者输财，贫者输力，郡之缁流亦皆捐金而助。爰筑爰削，如铸如埏。为之桥梁，以通水道。夏秋涨潦，屹有巨防。奔轊走蹄，旁午于道。沿堤之田，岁喜有秋。郡之人士，相与伐石，以纪成绩。从予丐文为记。闻之王化盛时，君国子民以桥梁道路为政先务。单襄公之道于陈也，觇其国之衰，以川梁陂泽之不理。郑子产济人以乘舆，君子惜其徒惠而不知为政。况去古既远，郡县吏惟簿书期会之务，岂有饥溺之恤，若丞者可多得哉？是役也，肇始于至元元年乙亥九月，毕工于至元二年丙申三月。不废于官，不夺于农。刻石纪功，可以无愧。丞名文懿，字德渊，才猷敏赡，起身宪府，熟知治道。朝廷方慎，择守令布，宣德化丞，抑承其选矣。

重筑湖堤记

明洪武钱福撰。

清同治《湖州府志》引明代顾应祥《长兴县志》："钱福撰，洪武八年（公元1375年）立此记。刻石在神武门外，不知何人磨灭。今购得其文末数句，姑阙之。"石佚，据明代顾应祥《长兴县志》载文：

福观方今天下之言水利害者，北要于河，南要于太湖。而江汉淮济巳混河为一流，而江汉自岷嶓以底于海，崇岗夹障，天设其堑，害之及民，田者良鲜。唯河当中原奥区，而国漕于资太湖，包东南膏腴而国赋攸仰，其为害也甚大。二水之害不去，而天下之利不可以言兴。洪惟我圣天子御极之七年，河决张秋，既命重臣塞之，复延访能言水利者，得其策，授工部侍郎徐公贯，同巡抚□御史、新昌何公鉴，经理东南。二公既审，知东南巨浸在太湖，而又禹之术自下者始。乃寻湖之下流，得浦渎入海者，躬督常、苏、松三郡疏洗之。而以湖之上流，授浙江布政司左参、江西周公季麟治之。周公乃按湖郡，躬历乌程、长兴之涯而叹曰："是在《禹贡》所谓震泽者也，泽以潴而震荡不定，故难为功。"志称：纵广二百八十三里，周三万六千顷，跨湖、苏、松、常四郡，所潴既大，下流难疏，势亦未易，逆风激涛，乘雨涨溢，湖郡之害自若也。以予相堤为便。于是得周文襄公所筑湖堤故迹，而诹众议兴复。时相顾各不敢辞言。周公笑曰："若等惮功大难就乎？"传曰："不一劳者不永佚，图大事不惜小费，捐膏腴亿万顷鱼鳖，而令吾赤子茹草啮木，以偿公税，孰与一时之劳费乎？"湖守、河南郑君宏，二守广东何君文英，治农判山西杨君清，咸曰："此吾守土亲民者之责也。"肆遣长兴丞江西胡君健，量度地势，自乌程以底宜兴界，凡七十里，咸堤焉。其崇为一丈，广与崇方而加尺者五。复窦其堤，以通溇港者二十九，为石桥于窦二十六，旱潴涝泄。湖不惟不能为害，而且为利矣。其用人力者四千而下不告惧，用人粮者八百余石而公不告乏，皆属周公所区划，郑守及长兴杨君所协赞也。若夫专以其职，往来督成之者，则浙江按察司佥事、西蜀阴君子淑焉。其功始于某月，落成某月，是为八年乙卯也。是岁秋，果大有，长兴之民乃沿堤而歌曰：频年凶兮兹则丰，公税登兮衣食充。湖不为害兮利则崇堤兮堤兮谁之功？

又歌曰：湖昔震兮兹则定，前文襄兮后参政。二周公兮吾以为命，杭堤姑苏兮今周姓。周公闻（下缺）。

乌程邑杨侯去思祠记碑

明万历朱长春撰。

杨侯，乌程知县杨应聘。明万历十六至十七年（1588—1589），组织民众整修顿塘。二十五年（1597）建祠立碑。碑现存飞英公园墨妙亭碑廊。

赐同进士出身文林郎刑部陕西清吏司主事邑人朱长春撰

赐进士第中宪大夫奉敕巡抚福建地方兼理军务都察院右佥都御史前南京应天府丞邑人沈桐篆额

直隶淮安府海州同知邑人潘庚星书丹

自昔循吏居有功德于民，民去而思之，尸而祝之，其来尚矣。要始乎简，常卒乎滥。令郡县之碑殆遍天下，或干誉以自要，或据津而人艳传之，或调谐士大夫倡建鼓以饰其美，大氐位未去而碑成，既去，辄有漫漶议其后矣。如此安见所谓饮德而怀不朽乎？抑其未征诸民耶？乌程入明兴二百年，言循吏以杨侯为第一。侯迁行十年，纪石顾阙焉。民思杨侯，辄涕泣愤欢。于是邑士绅潘庚星等相约结议，告当事者谋庙祀之。历数年三请，会徐侯访旧主，其议立祠宫便民仓北，仍勒石颂其功，以长春为不阿，令作记。予感其事，怃然叹曰：美哉！嗟乎！吾乃今知民之不可诬。有是大夫，冻者思□，旅者思土，去日愈远，思愈深，矫行涂饰，贾声目前，谁知其雌雄？必相其后而始定焉，此可以征去矣。咨士于朝，不知咨于野。其众也，民至愚难欺，其口无权而大公，无权故不胜于一时。然经十余年而公道著，此可以征思矣。侯坦夷无城，风度肃然，居廉平而政不细苛，性噢咻爱民，其当法凛如也。所居五岁，缓科徭，平冤滞，兴堤防，除淫社，清浮田，勤荒政，倡教化，禁偷靡，城邑之间淳然顾化。其大端则不阿上官，不假贵要，杜曲请以平良善，抑并兼而苏息穷独。阴行守义者，虽微侧宠礼之，即富巨家得保安。奸滑盱睢作不轨，虽大豪无所觊借，而市里恶少如埽焉。门内之政井井，宿吏不敢舒手，讼堂行鸟雀，而门外宽然，齐民如抚赤子也。故当侯在时，四境阖门，饱食而卧，不闻追呼，鸡豚声交，困茅被野。而今征催督责，公人旁午于道，中家以下，萧然啼鸣矣。大豪高门，僮仆横行，因而不逞，亡赖数千，群起惨呼，劫辱至起，大狱闻于朝，风俗嚣然坏焉。逢掖之徒，三号众而哗，陵轹贵人扶公府，而士多被罪不振也。故其君子思曰：式侯之德，弗至此。小人则曰：安复庇侯衣食衽席之？善者曰：吾无为助。不善者曰：吾无药石，而痰亡我。富人曰：侯息，吾业谁耗之？贵人曰：侯似难我，我乃无今日祸。而贫独矜愚，遂至相聚饮泣，呼父母不可止。嗟乎！此真乃所谓思哉！古之遗爱何加焉？视彼漫澉贤不贤，得失何如耶？十年中，吴兴两循吏，一太守及泉李公，一杨侯，为政大略相似。其民见思与碑祠，皆十余年而举，要两贤外，亦别无祠。乃知民可畏哉！非甚功德，曷享此焉？侯讳应聘，号楚璞，登万历癸未进士，怀远人。

万历二十五年岁次丁酉

乡宦　朱长春　朱凤翔　韩绍　潘庚星　王豫　潘大复　潘龙翰　张兆元　沈演　沈雀　潘廷圭　陈行简　茅国缙　沈元壮　卢舜治　邹思明　陈允升

举人　潘名卿　张道卿　崔祖锡　张应斗

监生　潘上卿　潘昆　张文周　鲍稳　邵良生　董嗣懋　鲍

应龙　潘名世　沈文明　潘曾缙

　　生员　高阳恺　张应选　丘宗周　潘基卿　陈世贤　朱鼎祖　潘曾绂　鲍道登　吴楚才　鲍名芳　鲍道明　鲍复亨　鲍道亨

　　耆民　赵肃　沙云鹤　陈思卿　鲁卿　芮良生

　　首创耆民　郑林　丘相　俞帮佐　汤世民　王良佐

　　立碑镌刻耆民　郑震

　　守祠居民　徐隆

重修南塘改名通塘记

明万历朱长春撰。

　　清光绪《乌程县志》卷五《塘堰》："南塘，在碧浪湖西，障郭西湾之水。万历三十三年（1605），知府陈幼学修筑，改名通塘，多用青石，上植桃柳，人称曰陈公塘。"碑文：

　　吴兴西南诸溪谷水，并三道，会于城南岘山。南湖曰碧浪湖，水壮决堤，为害久矣。万历三十三年（1605），太守陈公来度。塘自山川坛北尽民居，南至百明桥，古桥二，设新平桥三，凡五。内疏支渠，广深之，达夹山，引漾水，瀹分出于五桥。外塘辟古之半，累高甃石为堤，以捍潮溢。又南接古岘山桥。桥废，按志疏复之。迤逦盘山，又西至岘山寺门止。塘凡修二百五十丈有奇，广二丈六尺，堤高七尺五寸，役五阅月而工竣。塘内凡乡区四，田亩四万七千有奇，圩围四百五十有奇。征为记，曰通塘，志本利也。自城达岘山，其南连苏湾，文忠苏公治故堤在焉。两堤于两太守，不朽矣。

修东塘记

明万历朱国祯撰。

东塘，即荻塘。晋代殷康始开。唐代于頔筑塘。明万历三十六年（1608），湖州知府陈幼学甃以青石，朱国祯撰记。清光绪《乌程县志》卷三十《金石》："万历三十七年（1609）中秋，朱国祯撰，邹思明书。在迎春门外接待寺。"石佚。文据清雍正《浙江通志》卷五十五，参清光绪《乌程县志》卷五《塘堰》引录：

浔水之利害，界以塘，甃以石，中间支派，曲折至多，最巨者东塘。自东门尽浔水，凡七十里，履亩而堤，漕道出焉，管一州六邑之口。故浔虽镇，一都会也。自浔而上，虽名塘，实驰道也，内护田庐千万。戊申岁大水，风冲波激，存者无几。太守陈公于是修东塘，以兴作兼赈济费凡一千五百余金。塘成，父老列三德以颂：曰佣工，曰保障，曰利涉。我湖田畴，旱干水溢之无患也。七十里屹如亘如，而不妄用湖之一钱一粒，则公之功大矣。

重建双甲桥记碑

清康熙闵文山撰。

双甲桥原在乔溇村乔溇上。清康熙四十八年（1709）建，乾隆三十六年（1771）重建为石梁桥。工竣后，在桥西筑"回春亭"，立碑于内。桥已无迹，回春亭尚存，碑在亭中。碑由晟舍闵文山撰文、乔溇宋志学书，立于乾隆三十六年（1771）二月清明后三日。按碑录文：

重修双甲桥记

三十二溇之水，发源天目，混混不息，趋于具区而蓄焉。每岁桃花□黄水发，澎湃飚驶，贯桥而下如注也。蒋之为溇，界东西诸娄之中，室庐森布，田腴壤沃，莫厘缥缈，群峰隐现于玉镜中，境居最胜。娄之上有桥，一洞跨之，取《周易》"先甲后甲"义，名曰"双甲"。建自康熙四十八年，历今六十二载矣。石既倾圮，梁亦颓坏，舟楫者触石之虞，负戴有褰裳之虑。里人金聚山慨然为桑梓计，捐资首唱，诸好义者亦各捐金协助，踊跃从事，不数月告竣。昔蔡忠惠治桥于晋江之滨，费金钱千四百万，而毅然为之，桥卒以成。坡公在龙川，引江为池，架石为梁，至捐所赐金钱，并解佩□缮之，千载称便。利涉之事，诚不可视为缓图哉！且是桥当利津而锁逸流，为吾里聚气丰财之本，不独往来于上者，交臂接踵，如过枕席已也。桥之下，浚淤泥而铺以石板。桥之西，构一亭，为行人憩息之所，取少陵"溪壑为我回春姿"句，颜曰"回春"，皆旧所无而增之者，共费白金四百两有奇。是举也，固属众擎，而绍隆上人化缘之勤不可泯，爰镌石为之记。

乾隆三十六年辛卯春二月清明后三日

晟舍闵文山撰

本里宋志学书

督造人　捐银人　银两数（略）

重修石塘碑记

立于清乾隆年间，碑未见志乘，现砌于吴兴区织里镇汤娄亭子庙正门东侧墙。碑高1.6米、宽0.8米。有破裂残损，多字难辨。

乌程，涛邑也。其东北濒太湖者，曰娄曰港曰浦数十处。每当北风怒吼，浊浪排空，击堤南下，而石桥浦、新浦为尤甚。不特桑麻沃壤□□席卷，即筐庐茔地，亦有不终日之虞焉。□□顾君鼎和，好义士也。尝与二三同道宋旦□、陈代宝、宋宝元、钟惠安等咨磋，而共□之。乃于乾隆二十三年间倡议募筑石塘，以为外捍。东起石桥浦，西讫新浦，计长一百三十丈，高六尺，阔六尺，费白金六百余两。比岁也，来水恃以无恐。不意去年霪雨为灾，渐就倾圯。顾君复谋于众曰："天下事善始者尤贵善成，当日之创筑斯塘，将以为久远计也。倘及塘不修，不且堕前功而贻后患耶？"于是，邑中陈謇彰、宋德生、李秉臣等协力同心，捐资倡众，不逾时而功遂告竣。其高与阔，视旧增三尺，而坚致过之，复资二百八十余金。窃谓是役也，一以而三，善备：为裕国课，一也；卫庐居，二也；便行旅，三也。后之人果能继起而增葺之，则居斯地者，有不永永戴德乎？

捐资襄事者，例得并书。是为记。

修费六百余金姓氏数目，自薄遗失，不复记忆。

谨镌重修名目于后：

陈謇彰二十两　　李秉臣二十两

王赐晋二十两　　宋德生五两

宋严泉二十两　　顾鼎和五十两

钟文澹三十两　　李鹤书三十两

宋宝坛二十两　　宋岳扬五两

邢德庆五两　　　潘南崇一两

乾隆二十五年 岁次寅辰小春 立石

（下款难辨，略）

重修康山坝门禁止填塞永远通利之碑

清乾隆三十九年（1774）九月立。现在吴兴杨家埠镇西风漾畔息家坝自然村。

特授湖州府乌程县正堂加五级纪录十次皂异侯升庄，为立碑永禁等事。于乾隆三十五年春，郭西湾人民混指康山圩门为溪塘石坏，有碍郭西水灾，毁圩为坝，致栖贤人民以厘陈山水情形具控。当诣勘验，栖贤山北近龙溪，设有圩门一座，旱则引溪水以灌田亩，涝则闭闸口以断上流，名为栖贤圩。而康山在栖贤山阳，面山环山，山脚设有圩门一座，上接栖贤来水，由支河及分栖漾出沈店等桥，入碧浪湖归太湖，名为康山圩门，并拒龙溪运河之康山石坝与郭西湾，别受妙西、黄蘗、夹山诸水出百名桥，入碧浪以归太湖。迥殊康山脚下划然天开，为栖贤一带圩民出水咽喉之地，万不容埋塞者。考核志乘，体察舆情，绘图通详，首得修筑无异，缘郭西健讼，辗转上控，复经原任府宪张、府宪杨，亲诣勘明，文经分巡嘉湖道宪孔，履勘明确绘图，贴说如同指划，申毕，督、抚二宪如详献决，今应勒碑永遵在案。为此，建碑毋许违禁兹讼，俾康山圩门永远通利，庶栖贤万户生灵，不致有其鱼之患也夫。

乾隆三十九年九月 日给

杨如松书并刊

南浔重修东塘碑记

清道光张鉴撰。

清光绪《乌程县志》卷三十《金石》："道光十二年（公元1832年）六月朔日，张鉴撰，宋烜书，赵之琛篆额。在南浔镇巡司署头门外。"文据民国周庆云《南浔志》卷三十八，参清光绪《乌程县志》卷五《塘堰》录文：

南浔，接郡之东关，为运河七十里，名曰东塘，斯堤之创于前明万历三十六年。郡守陈公名幼学之始筑也。历有年所，岁久遂渐侵剥。案志乘并旧碑纪其如是，岂古人善政之所施，精诚之所寄，各有不同，故其传于后，有显晦久暂之分哉？

壬辰春，邑侯杨公名绍霆，奉檄劝修圩岸。爰及东塘，迤西三十里，郡城绅士任之；迤东四十里，工归之浔镇。内潘杨桥一带夹塘，料实工坚，估计筹画，侯皆尽力条理焉。先是辛卯夏，恒雨为灾，当事具奏，蒙圣恩蠲赈并行，稍舒佃民积困。维时天严寒，我侯独任其事。稍暇时，与镇士夫饮酒赋诗，得浔水联吟若干篇，所言皆劝分。谋诸绅士耆老，以工作赈。侯力主其议，凡三日捐集八千余缗。复委任参军胡公培荃、巡司胡公次耕、汛守陈公遇春，再劝而推广之。议修东塘，镇人疑之，以为东塘之工，应属沿塘乡庄，非镇人事。侯谓："劝分以救灾也，被灾以圩岸之不修也，镇既慕义捐有成数矣，乃视被灾区以为非吾圩岸也，而听之不修，浸假而灾又至，而劝吾捐者又来，而负吾租者且益以肆，士民受累，伊于胡底？是以救灾不如御灾之为愈也。"于是众议息而程工定，职事者咸勉力焉。自镇之西栅起至十里桥，旧系土堤，改筑块石塘，计一千三百丈。潘杨桥条石夹塘，计一百七十五丈。桥西添筑六丈，皆完固。中间坍没范村、集木、月影、黄明等桥，皆建复。经始于三月甲子，工成于五月乙亥。资费万金，附镇另工不与焉。

是役也，郡绅士鸠工在先，暨而镇人继之，通堤之工始竟，陈公之故迹始新。从此通驿递，利漕运，卫农田，获水利，而皆得之荒政。此我侯之德溥生民，古之循吏何多让哉！勒以贞石，以传不朽。解曰：陈公出守，著迹吴兴。堤经水患，浸没田塍。计年二百，计里七十。碑则未泯，堤且增置。是岁有俭，而民无饥。

以工作赈，乃新斯堤。斯堤永固，此水常清。前陈后杨，周道砥平。

大清道光十二年太岁在壬辰夏六月朔日

重浚三十六溇碑

清光绪徐有珂撰。

清光绪《乌程县志》卷三十《金石》："重浚三十六溇碑，光绪二年（公元1876年）徐有珂撰，在陈溇。"徐有珂精于水利，与同里吴云创议重浚溇港章程六条，于同治十年（1871）冬与候补知府史书青、绅士钮福共同督浚三十六溇，至光绪元年（1875）完工。碑记录重浚三十六溇之事。石佚，文辑自徐有珂《小不其山房集》卷二。

湖郡北境太湖水口，古称三十六溇，而小梅、大钱两巨口不与焉者，苕、霅之经流，势涌而不易塞也。然其支流，往往积久淤阻。自小梅以东凡九港，自大钱以东二十七港，咸丰庚辛间，截流御寇，填瘀尤多。同治壬戌以来，劫余瓦砾，皆弃诸水。每遇霉雨，则武林诸山发水自南来，天目诸山发水自西来，其入湖必分趋三十六溇，而后可速达江海，非仅小梅、大钱两口所能容也。不施疏浚，无以御潦，不讲岁修，无以为永久之计。前丙寅冬，已由善后局禀奉大宪兴工，择要疏导，而格于经费未能周遍。

庚午九月，奉谕旨，以钟学士佩贤奏饬下浙抚，认真修理溇港，以期一律深通，俾无淤塞溃溢之患，并将吴云所议六条钞给阅看。于是浙抚杨中丞昌濬，即委署府公源瀚、候补府史公书青，实心经理。先开小梅以东九港、大钱以东二港，共挑土五万七千一百四十八方零，筑杨渎桥石塘、土塘，修建石闸十一座，董其事钮绅福，共用经费钱一万六千二百四十一千九百七文。

宪委候补府张公致高测量如式。

辛未冬前，本府杨公荣绪回任，仍同史太守续开大钱以东安港至乔溇二十二港，共挑土六万六千五方零，杨溇以深通不开，胡溇半属江苏，归苏省办理。新建大溇、义皋石闸二座，修整谢溇石闸一座，珂董其事，共用钱一万四千六百六十八千二百四十四文，皆取给于丝捐，每包捐洋钱一元者也。壬申三月工竣，杨中丞宪节亲临察看工程，均谓穷源溯委，认真讲求，并无草率。后又委候补府蒋公泽沄各处测量无异。至冬，遂以一律深通坚固覆奏，谓本年适逢秋旱，农田庠灌有资，大有裨益也。又请移大钱巡检驻陈溇，以司大钱迤东溇闸，移乌程县丞驻杨渎桥，以司大钱迤西港闸。后珂与钮君，督建两署，共用钱三千串零。又抽丝捐一万二千串，疏浚北塘，后以吴绅承泠佐其事。又抽丝绸捐钱三万三千串，存典生息，以备岁修。每年开六港以二千一百串为率，六年而周，周而复始，不患再淤。其三十港则每年撩浅修闸不得过九百串。每港闸夫二名，每名终年工食钱六千文，专司启闭，铲除荾芦。至专管官应给夫马钱，董事、司事往来应津贴薪水，皆于生息钱取给，有常额不得过。此皆三太守详请中丞入奏而行之，经画至周至密，可以积久不敝。

光绪乙亥，浙西大水，而湖郡溇港疏通，受灾独轻，中丞即据以入告请奖。斯可谓水旱有备矣！惟愿同事诸君，实心实力，共为桑梓，兴利御灾，以卫农田，以裕东南财赋，亦草野上报君国之一事也，是为记。

第五章　世界灌溉工程遗产与太湖溇港

第一节　申遗之路

太湖溇港是古代劳动人民智慧的结晶，是宝贵的遗产和财富。几十年来，湖州市委、市政府一直十分珍视这些财富，始终坚持保护优先，强化修复，让溇港比较完好地保存了下来。多年来，湖州水利专家学者一直致力于溇港价值的挖掘和考证。以教授级高级工程师陆鼎言等为代表的一大批水利专家，长时间致力于"溇港"与"塘浦（溇港）圩田系统"、"溇港"与"湖州城市的兴起和发展"等专题研究，取得了丰硕的成果。特别是编写的《湖州入湖溇港和塘浦（溇港）圩田系统的研究》，系统阐述了溇港与圩田的发展史，在全国产生强烈反响，各地学者专家纷纷实地考察、参观。正是有这些研究作基础，溇港有了申报世界灌溉工程遗产的独特优势。

为进一步对溇港加强保护利用，湖州市委、市政府全面部署启动申遗工作，2014 年以来，成立了太湖溇港水利遗产保护与利用工作领导小组，组织以市水利局为骨干的部门单位，开展溇港整治保护，为成功申遗打下了坚实基础。两年来，湖州全力以赴、紧锣密鼓、有序有力地推进各项申遗工作：编制了《太湖溇港水利遗产保护与利用规划》，为太湖溇港保护、利用、申遗指明方向；

迅速对溇港保护范围开展集中整治修复，在吴兴区织里镇义皋村建设了"溇港圩田综合展示区"，在长兴县小沉渎村建设了"溇港古堤展示区"，在环太湖滨湖带大力开展"溇港灌溉工程展示带""两区一带"建设，充分展示了太湖溇港水利遗产原貌、价值和魅力。申遗启动以来，各级新闻媒体全面开展对太湖溇港的宣传，为申报世界灌溉工程遗产营造了浓厚氛围。特别是中央电视台摄制的高清纪录片《溇港》一经央视播出，就引起了社会各界的强烈反响，溇港的知名度、影响力全面提高。通过积极努力，2016 年 5 月 25 日，中国国家灌溉排水委员会组织对太湖溇港开展现场考评，考评组专家给予了充分肯定和高度评价，并一致通过考评。

伴随太湖溇港申遗工作的开展，湖州市太湖流域水环境综合治理也进入了新阶段。为解决"太湖引排通道不畅、东西苕溪尚未系统治理、上游来水缺乏出路"三大治水问题，湖州市成功争取了太嘉河、环湖河道、苕溪清水入湖、扩大南排太湖流域水环境治理四大重点水利工程，总投资创历史地达到 115 亿元，争取中央和上级资金 55 亿元，1.65 万亩用地指标由国家带帽下达。2014 年，四大工程全面开工。3 年来，湖州市水利建设"提速创优"的做法为全省做出了突出贡献，2015 年获得省政府奖励资金 8378 万元，并获得土地占补平衡指标奖励 2512 亩。目前，太嘉河、环湖河道两大工程已经建成并发挥效益，实现了"三年工期两年干"，北排入太湖的罗溇、幻溇、濮溇、汤溇"四大溇港"全线贯通；苕溪清水入湖工程总体进度已超过 70%，两条骨干行洪河道—东西苕溪已提前实现全线提标整治，防洪标准从不足 10 年一遇提升到 20—50 年一遇，行洪导流能力大幅增强；扩大杭嘉湖南排工程也完成 70% 以上投资，南排入杭州湾的长山河、盐官下河基本完成主体建设并开始发挥效益。这些工程的建成，极大地解决了太湖流域重点区域防洪排涝和水环境的突出问题。

2016 年 11 月 8 日，从泰国清迈举行的第二届世界灌溉论坛暨国际灌排委员会第 67 届国际执行理事会上传来喜讯，国际灌排委员会评定公布的第三批世界灌溉工程遗产名录中，湖州太湖溇港和陕西关中郑国渠、江西槎滩陂一起成功入选。太湖溇港申遗成功，为浙江湖州进一步做好太湖溇港水利遗产的保护与利用工作提供了新的机遇，更为推动南太湖滨湖一体化和滨湖乡村休闲旅游业发展注入了新的活力。

第二节　遗产标准评估

符合评选标准第 1 条：溇港工程见于文献记载至少有 2000 年；目前可见到的溇港，上面的石桥、太湖古堤至少 400 年历史。

符合评选标准第 2 条：溇港工程保留有历史时期修建的堰坝、蓄水池、口门、附属渠道工程、治水与管理碑刻等。

符合评选标准第 3 条：溇港的修建是太湖地区灌溉农业发展的里程碑，在区域社会经济发展中发挥了基础支撑作用。溇港系统是太湖流域特有的水利类型，集水利、经济、生态、文化于一体的系统工程，具有排涝、灌溉、通航等功能的水利工程形式，也是孕育吴越文化、丝绸之府、鱼米之乡、财赋之区的重要载体，是太湖流域古代劳动人民利用和改造渍湖低湿洼地，变涂泥为沃土的独特的水利工程创造，在世界农田灌溉与排水的发展史上具有重要的地位。溇港的创建，使环太湖的肥沃淤滩得到开发利用。

元明清时期太湖流域已经成为中国主要粮食产区和纺织品生产地、漕粮的主要输出地，是 13 世纪以后中国南方经济中心之一。目前溇港灌溉面积 42 万亩（2.8 万公顷）、排水面积 4.4 万公顷，一年粮食产量 87.48 万吨（2014 年），并形成以水稻种植为主，包括蚕桑饲养、淡水养鱼等为一体的精细农业、高效农业、特色农业。

图 5-1 权威媒体持续报道湖州溇港世界灌溉工程遗产

溇港是顺应自然、布局科学的灌溉排水工程典范。通过修筑纵溇通湖、横塘分水、湖漾蓄水调节和涵闸斗门的修建，使得高低圩田都排灌得宜。并凭借塘浦圩田和溇港圩田这种高效的农田水利系统，太湖平原成为中国稻作农业和蚕桑养殖业最发达的地区，至少从 11 世纪以来，这里成为中国人口最密集、最富庶的地区。

　　溇港工程在其建筑年代是一种创新，为水资源利用方式、工程规划与建筑技术发展做出了贡献，蓄水和水量调节工程具有独特性和可持续性。太湖溇港由湖区、溇港、农田灌排系统、顿塘构成，是本土人民在湖泊水网区域的生存和发展进程中的伟大创造。溇港的开凿、维护，与土地整治、农桑的发展相互促进，形成了相对独立的桑基圩堤，圩内形成了独立的灌排体系和农业生产体系。溇港、横塘与圩堤、农田、桑林、鱼塘、湖漾之间的良性互动，造就了区域特有的河湖连通生态体系，清淤、储肥、灌溉、养殖各环节互动，形成了独特的人文和自然环境。

　　溇港灌溉工程管理制度具有中国传统文化烙印，是可持续运营管理的典范。溇港灌溉工程管理（尤其是疏浚工程）具有官民协同管理特点，是可持续运营管理的典范。五代吴越设置专业撩浅组织"撩浅军"；宋代已有比较完备的管理制度；明清时期管理制度更加系统，对人员配备、闸门启闭、岁修制度都有详细的规定。历史上遗留下来的碑刻碑文记载了溇港的发展历程世代相传的用水制度被强调，官水的官员与用水户得到沟通，传承着溇港特有的管理文化。

第三节　遗产保护利用

一、保护与利用思路

太湖溇港水利遗产是一个独有的、唯一的、完备的系统，各要素不可或缺；而且在用水利遗产的保护与利用，不同于文物保护的概念。在维持工程体系和环境的真实性及完整性的原则下科学规划和建设，让水利遗产在区域发展中发挥更大的作用。

太湖水利遗产要保护的有四个要素：第一，整体的水系关系，能反映溇港、横塘、太湖关系的水系；第二，圩田系统，溇港圩田系统是水利工程服务的对象之一，是灌溉工程服务的主要对象，能证明延续千年的工程的效益；第三，关键工程，具有历史价值的涵闸、溇口、关键工程、桥梁等；第四，农耕文化、水事习俗等，凝聚千年历史智慧，塑造一方风土人情。

在实践过程中，还需处理好两个关系：保护水利遗产与合理利用的关系；保护文化遗产与区域经济发展和改善生活环境的关系。

把握好溇港遗产保护的点、线、面三个空间层次，强调点—线—面结合的保护利用发展方式。点即以溇口及其节制工程、古桥为关键节点；线即水道、堤防等线状工程体系；面是点线穿插与典型田块构成的区域圩田系统，点、线、面结合，构建太湖溇港水利遗产保护利用的空间层次。识别、区分遗产重要区段、重要点段在技术、经济、社会和景观各方面的不同价值特征，系统保护由遗存及其背景环境构成的价值单元。以溇口、湖漾、关键工程、典型圩田、历史桥梁、古村落古街区等为溇港遗产保护利用和展示的核心；以横塘纵港等骨干渠道、堤防构成溇港水利工程系统的空间网络；结合溇港间的圩田系统，构成太湖溇港圩田水利遗产面。在此基础上，制定系统、完整、层次分明、重点突出的遗产保护利用规划。

二、保护与利用建议

保护对象：太湖溇港水利遗产系统。其中既包含相应的堤防工程、溇港横塘、圩田系统，也包括桥梁、历史建筑、古碑刻、水神寺庙、祭祀活动等。

保护范围：根据保护对象确定三处遗产保护范围。

（1）太湖堤防工程、溇港横塘保护范围，按照水行政主管部门划定的保护与管理范围确定。

（2）圩田系统保护范围，对历史文化价值突出、展示观赏价值突出的圩田系统进行整体保护。一般圩田系统按照国土部门制定的基本农田保护规划要求划定保护范围。

（3）其他相关文化遗产的保护范围，由文物保护和管理部门认定相关遗产并设定其保护范围。

在科学、有效保护遗产的前提下，经详细规划和论证，有重点地采取分段展示、博物馆展示，民俗文化体验与观光农业相结合等方法，向世界展示溇港水利遗产历史景观和文化，达到水利遗产保护、宣传、知识普及，促进地区经济可持续发展的全方位保护目标。

三、保护利用工作

经过几度堰塞，又几度疏浚，73 条溇港还剩下 42 条。为研究和展示溇港的魅力所在，湖州市 2012 年出台市区水域保护规划，及时将沿太湖的溇港湖漾作为水域管控重点，严格审批开发建设项目占用水域行为，严禁缩窄填堵溇港，努力把溇港体系完整保留下来。同时，将 19 条溇港、2 片桑基鱼塘和一大批桥梁、古宅、牌坊等建筑列为市级文保单位，划定保护范围和建设控制地带，实施抢救性修复，有效加强溇港圩田系统保护工作。

义皋溇是为数不多保存相对完好的古溇港之一。对于义皋、大钱、小沉渎等村落，这些千百年来太湖溇港体系中的重要节点、溇港文化的典型载体，湖州市切实加大投入力度，充分发掘、保护、恢复古代历史遗迹、文化遗存，改善村庄环境，还原历史风貌。

2014 年，义皋村被列入中国传统村落名录和浙江省历史文化村落保护利用重点村，古村迎来发展新机遇。从制定规划到进行保护性建设，义皋村用了 3 年时间赶超发展，完成蜕变。修复古宅、古道、古桥，把茧站改造成溇港文化展示馆。如今，古村渐渐显露旧时粉墙黛瓦、流水人家的古韵。

为使溇港更好地服务当代社会经济发展需要，湖州市结合重大水利工程建设，不断提升和完善溇港的功能。一是结合环湖大堤工程，整治沿湖溇港。20 世纪末，实施了 65 千米环湖大堤加固工程，整治沿线溇港 39 条。2008 年至 2011 年，投资 22 亿元，结合滨湖大道工程，全面建成了约 50 千米长的 100 年一遇防洪标准的环湖大道路堤结合工程，沿线众溇港堤防得以治理，14 座水闸予以新建改建，溇港的灌排功能得以完善。二是结合"二轮治太"四大重点水利工程建设，拓浚骨干溇港。2007 年以来，全面启动以溇港整治为重点的太湖流域水环境综合治理四大重点水利工程建设，共整治小梅港、罗溇、幻溇、濮溇、汤溇和长兴港、杨家浦港等 7 条入湖骨干溇港，累计投资超 50 亿元。浙西区的合溪新港等一批入湖溇港依托全国中小河流重点县和重点中小河流治理项目得以实施。通过治理，溇港的引排水能力大幅度提升，水环境明显改善。三是结合后续工程，完善横塘纵溇。谋划了以剩余约 15 千米大堤加高加固和入太湖溇港整治为主要建设内容的环湖大堤（浙江段）后续工程，以南北横塘等三条连通横港整治为建设内容的太嘉河与环湖河道整治后续工程，以苕溪尾闾河道清淤和横山塘港等入湖河道整治为主要建设内容的苕溪清水入湖整治后续工程。行至溇港，入眼皆是绿水青田。北望烟波浩渺，南望桑田交错，来往游人如织、笑语不绝。这背后是溇港生态环境的系统治理。湖州市开展了治污拆违专项整治，全面关停搬迁了太湖沿岸全部工业涉污企业；完成了全部"渔民上岸"工程，建造了 3 万多平方米的渔民新村，安置 2607 户渔民，拆解 1840 艘座家渔船；开展湖鲜餐饮集中整治，整体拆除太湖湖鲜街 24 条水上餐饮船，并在原址上建成市民休闲广场。开展了清淤轮疏专项整治，从 2015 年开始实施纵溇横塘清淤，四年内对溇港轮疏一遍，完成清淤 1000 万立方米。开展了中小流域系统整理，将市区境内颐塘以北区域的纵溇横塘体系均纳入了流域系统治理范围，并先期实施了南北运粮河和寺前港等"三横五纵"工程。

2013 年，湖州市在全省率先全面推行河长制，建立了立法、标准、制度、智慧、公众参与"五位一体"具有湖州特色的河湖长制工作体系。河湖长制的实施推广，使溇港实现了从"没人管"到"有人管"，从"管不住"到"管得好"的转变。河湖长制"一溇一策"也加速了项目的建设、溇港的治理。湖州市结合环湖大堤工程，整治沿湖溇港，建成了约 50 千米长、防御标准百年一遇的环湖大堤；结合太湖流域水环境综合治理四大重点水利工程建设，拓浚骨干溇港，溇港引排水能力大幅度提升，入太湖水质连续14年维持在国标Ⅲ类及以上；结合后续工程，完善横塘纵溇。目前，湖州市正在加快实施环湖大堤（浙江段）后续工程和苕溪清水入湖整治后续工程，建成后，环湖大堤浙江段将达到百年一遇防洪标准全线封闭，进一步提高杭嘉湖区域整体防洪排涝能力，改善太湖和东部平原水环境。同时，湖州市全域推进幸福河湖建设，建成太湖溇港等6个国家级水利风景区，38条省级美丽河湖，助推了乡村振兴，深受广大群众欢迎。

继世界灌溉工程遗产名录之后，2017年吴兴区获得国家水利风景区称号；2018年义皋溇港文化馆获得国家水情教育基地荣誉称号；2019年南太湖新区和吴兴区19条溇港获批全国重点文物保护单位；2020年又先后多次在国家级学术研讨中作为典型交流；2021年列为湖州市人大"一类立法"；2022年，《湖州市太湖溇港世界灌溉工程保护条例》（以下简称《条例》）于5月27日通过省人大批准，于6月20日施行，标志着太湖溇港立法工作再次跨出国门迈向世界。该《条例》是浙江省首部针对世界灌溉工程遗产保护的地方立法，是继宁夏回族自治区引黄古灌区、广西壮族自治区兴安县灵渠等世界灌溉工程遗产立法之后，湖州为世界灌溉工程遗产保护地方立法做出的积极尝试。

《条例》着眼未来，提出依法开展太湖溇港遗产的保护、传承和利用，开启了太湖溇港保护利用法治化、规范化的新篇章。《条例》共24条，明确了对太湖溇港遗产的定义，划分了核心保护区和一般保护区。规定建立太湖溇港遗产保护清单制度、太湖溇港遗产保护利用专项规划和太湖溇港遗产保护综合协调机制。《条例》

坚持太湖溇港遗产要素及其历史风貌和安全环境的整体保护，同时规范细化太湖溇港的传承利用举措，鼓励单位和个人依法开展各类传承和利用太湖溇港遗产的活动，依托溇港横塘、溇港圩田、古村落等发展休闲观光农业、文旅产业、研学活动，推进溇港文化与地域特色文化融合发展，实现太湖溇港遗产的整体保护与传承利用"两手抓"。

附　录

附录一　古寺及古建筑

布金寺，原在织里镇乔溇村，紧濒南太湖。唐五代时吴越国钱王建于建隆元年（公元 960 年），初名观音院。宋治平二年（公元 1065 年）赐额布金寺。据清光绪《乌程县志》载，胡溇宋代由北宋教育家胡瑗别墅改建的寿宁寺，在"布金寺东数十步"，寿宁寺"庭前双柏大可数围"，可见其年代之久远。其后布金寺与寿宁寺相连，因而规模恢宏。清咸丰十年（公元 1860 年）寺毁，同治年间僧朗润重建，光绪二年（公元 1876 年）僧云亭法师续建。清代在寺中设有太湖救生局。"文化大革命"中寺毁，1995 年经湖州市政府批准重建，2001 年布金寺迁移至昆舍，与千年古刹利济禅寺双寺峙立。大雄宝殿内供奉铁铸释迦牟尼卧佛，全身鎏金，长 18 米，高 4.8 米，重 22 吨，是目前亚洲第一大铁卧佛。大殿壁塑罗汉 500 尊，金碧辉煌，栩栩如生。天王殿与大雄宝殿之间，竖一尊玉石观音，高 5 米，慈眉善目。两侧有钟鼓亭，皆是重檐八角攒尖顶。乔溇布金寺作为下院，依然保留。

杨溇大庙，又名总管堂，位于织里镇杨溇村，北滨太湖。大庙前后二进，前殿三间为京都大元帅府，供奉总管神。后殿东三间为纯阳祖师殿，中是财神济公殿，西为观音殿。前殿左右两侧各有二层楼房五间，作为办公楼、伙房、仓库等用。大庙四周筑院墙，总面积约 1500 平方米。杨溇庙始建年代失考，民间传说是为了纪念京官肖堂而建造的。某年，肖堂奉旨到太湖南岸农村征粮，因连年灾荒，民不聊生，肖堂见此惨状，就不忍心向老百姓催粮，结果自焚于溇港岸边。老百姓称其为总管老爷，建庙祭祀。民国年间尚保存 18 间房屋。"文化大革命"期间改为小学和村部礼堂，2006 年经批准恢复重建。

大溇村紫金庙，位于织里镇大溇村。大殿五开间门面，供奉总管老爷、孟将、观音菩萨、地藏王、财神等神佛像。原名紫金庵，始建年代失考，2010 年重建时易今额。庙前有三棵银杏树，树龄百年以上。

大钱村天后宫娘娘庙，位于环渚乡大钱村大钱水闸南侧，北距太湖仅 200 余米。1994 年 4 月重建，现建筑前后三进，前进大殿三间，供天后娘娘、观音、财神等。大殿内供一小木船，上有桅杆、风帆、木橹等，制作精巧，据说是天后娘娘为救助太湖中遇危难的渔民时所用的船只。前进西侧三间为餐厅，进内有天井。第二进面宽五间，供奉包公、孟将等神像。第三进有东西披房，作堆放杂物的库房用。披房中间有小院，内有古银杏树，挂有浙江省古树名木保护牌，树龄 300 年以上，保护等级为 2 级。天后宫娘娘庙原称"太湖神庙"。据清光绪《乌程县志》记载："太湖神庙在大钱口，宋建。俗称平水大王庙。"据本村老者言，民国年间，庙内老和尚与蒋介石是同学，曾请蒋题字做成匾悬挂庙中，匾额文字已记不清楚，但蒋中正三字好多人见过，此匾在 20 世纪 50 年代被本村钱姓村民拿回家，现下落不明。

杨渎桥村徐大将军庙，位于环渚乡杨渎桥村（现为湖州开发区滨湖街道）。2005 年里人集资重建。大殿三间，重檐歇山顶，飞檐翘角。大殿正中供徐大将军神像，上有匾额书"震泽定底"四字。两侧供奉财神等塑像。殿门上方还挂有"敕封广济宫"匾牌。大殿东侧两间为伙房，西侧三间为仓库。庙前小河中停靠"徐大将军神舟"，长15米，宽2.5米，船上前后竖有梳杆三道，帆、舵、橹、锚等齐全，船舱制工精良，雕有双龙图案。徐大将军神舟造价共人民币10万元，庙旁立有善款捐助碑。其中有湖州涂层有限公司董事长吴根荣、昆山精密化妆品有限公司董事长陈星力二人捐资7万元。庙东北30米处有徐大将军墓，墓穴和墓碑从不远处移来。墓碑高120厘米，宽55厘米，碑正中书"徐大将军之墓"楷体字，上款是"咸丰七年岁次丁巳六月"，下款为"知乌程县事李伟文敬立郡人蒋世镛、木子书"。据清光绪《乌程县志》卷六记载："太湖神广济伯庙，在杨渎桥。祀晋里人徐贲，俗称徐大将军。清道光八年敕封，六月二十八日致祭如黄龙神例庙，毁于兵。同治九年重建。合肥县志：贲晋初行贾江淮，溺于千巢湖，死而为神。故里旧有庙，明宋濂碑文称神，为乌程人。杨主当道浙抚，刘据实以闻，锡封号，新修府志。"本地民间传说，徐贲死而为神后，常显灵异，帮太湖中遇险人或船只脱离危难。某年皇上游览太湖，忽然风浪大作，官船在狂风急浪中颠簸，迷失方向，这时浪涛中漂起一面黄旗，上书一"徐"字，官船随黄旗指引的方向前行，终于驶达南岸。里人告知这是徐大将军显灵救驾，使皇上脱离险境。于是皇帝敕封徐贲为"太湖广济伯神"。

义皋范家厅，在织里镇义皋老街尚义桥东，系清代建筑。现有旧宅共3进，第一进为平厅，面宽3间，梁架结构为抬梁式，雕梁画栋。步梁、月梁、雀替等构件雕有精湛的花卉、瑞兽。其大柱都用金漆，当时的制工极为考究。平厅前有砖雕门楼，朝南正额书"永思修慎"，朝北背额书"行仁讲让"，大有书香门第之风韵，门楼上镶有仙鹤等吉祥图案。第二进、三进都是楼厅，楼厅间原有厢房连接。2003年8月，范家厅被公布为市级文物保护单位。

陈溇五湖书院，遗址在织里镇陈溇村港西，陈溇塘桥南侧。民国年间曾设小学，新中国成立之初在书院内开办夜校。后来全部拆除，材料用于建造机埠等。书院遗址现为一片桑园。清光绪《乌程县志》卷二《学校》载，清同治九年（公元1870年），由邑绅徐有珂、陈根培、吴宝征、张尧淦等集资，经湖州知府宗源瀚批准创建。书院原是陈溇吴江峰太守的故宅。自北宋康定、庆历年间（公元1041—1048年）胡瑗先生应邀教授湖州州学，首设经义、治事二斋，创办了富有特色的湖学后，各地纷纷到湖州取经，成为太学及各州立学的楷模。湖州教育随之进入了新的时期，郡治、县治及东南部的一些大镇相继建立了学校。但是，离郡治不远的太湖三十六溇区域，一直未建办过学校。同治九年（公元1870年），家住东阁兜村的邑绅徐有珂写信给曾任苏州知府的吴云，言及自己与陈根培、张尧淦等商议，设想在湖滨建立书院之事。吴云看完信后当即表态："这是我一直以来的愿望"，并带头捐白金若干。随之居住于太湖边上的有义之士也解囊捐资，五湖书院得以创建。五湖书院的结构是：前为大门，大门进内即为仪门，仪门内为大厅。由堂道进去是讲堂，讲堂门额题"崇礼敦本"四字。讲堂后面有楼房，供休息用。修葺以上房屋共花费100多万文，而教师的酬金、学生的津贴还没有着落。为此，新任湖州知府宗源瀚捐上了自己的俸银，并提议在丝捐善后款项中，每包拨1块钱给郡县各书院，五湖书院得其中的六分之一，连拨3年。这笔经费由书院主办者

存于典铺，其息作为教师的酬金和学生的津贴。不久宗知府离任湖州，其设想由继任知府杨荣绪付诸实施。五湖书院修成后，聘徐有河任主讲。逢夏历每月初一、十五给学生授课。教室分时艺、经学两斋。书院还制订了对优秀学生的奖励办法、学生津贴高低的分发标准及旬查月试的检查办法。清代同治年间创建的陈溇五湖书院，是吴兴溇港地区历史上第一所学校。

附录二 太湖溇港水利遗产保护与利用规划

（湖政函〔2016〕7号批复实施）

第一章 总则

1.1条 背景

文化遗产是民族的血脉，是人民的精神家园，是民族凝聚力、创造力的重要源泉，是综合国力的重要标志和象征。党的十七大报告提出"文化生产力"的概念，要求"我国未来的发展中，要致力于解放和发展文化生产力，推动文化在内容形式、体制机制、传播手段等方面的创新，更加自觉、更加主动地推动社会主义文化大发展大繁荣"，把文化提高到国家战略的高度。党的十八大报告提出要"树立高度的文化自觉和文化自信"，强调"全面建成小康社会，实现中华民族伟大复兴，必须推动社会主义大发展大繁荣，兴起社会主义文化建设的新高潮，提高国家的文化软实力，发挥文化引领风尚，教育人民，服务社会，推动发展的作用"。李克强总理在2015年政府工作报告中指出"弘扬中华优秀传统文化……重视文物、非物质文化遗产保护"。这些论述充分说明了文化在社会进步和经济发展中的重要意义。

溇港遗产是环太湖区域特有的文化遗产类型。至迟于春秋时期，太湖区域开始开凿溇港，整治水土，发展农业。溇港见证了两千多年来太湖流域自然环境的变迁，以及社会、经济、文化演变的历史进程，体现了人与自然相依相存的文化形态和中华民族的伟大创造力。太湖溇港遗产留下了区域乃至中国文化的深刻印迹，全面生动地阐释了太湖流域传统治水技术以及蕴涵其中的工程哲学，反映了特定的水土资源环境与人类活动共同作用下所营造的特殊自然与文化景观。保护太湖溇港不仅是保护文化遗产，更是区域生态文明建设落到实处的重要实践，在完善区域生态环境，实现区域可持续发展中同样具有深远的战略意义。

1.2 条　必要性

1. 溇港水利遗产保护是落实国务院《关于加强文化遗产保护的通知》精神和加快水文化建设的举措

2005 年国务院颁发了《关于加强文化遗产保护的通知》（国发〔2005〕42 号），对加强文化遗产保护提出了明确要求。水是与人类生存发展息息相关的自然资源，人与水的关系形成了独特的文化，并通过水利工程、水管理制度、生活方式、水神崇拜等表达出来，形成特有的文化景观。2009 年水利部部长陈雷在题为《弘扬和发展先进水文化，促进传统水利向现代水利转变》的报告中指出："从文化的角度重新审视人和水的关系，为解决我国依然严重的水问题寻求文化支撑，以先进水文化推进现代水利事业科学发展、和谐发展，是摆在我们面前的重大课题"。

太湖溇港水利开发可追溯至春秋末吴越争霸时期，距今已有两千余年历史，是我国太湖地区特有的水利工程类型，是特定自然环境下，人类求生存、谋发展和顺应自然、改造自然的产物，见证了太湖流域文明进程，体现了中华民族治水智慧。湖州是太湖流域溇港及塘浦圩田系统发端最早和唯一完整留存的地区。保护太湖溇港是保护独有的文化遗产、建设区域生态文明的重要实践。

2. 推进溇港水利文化遗产保护是区域经济社会发展的需要

溇港不仅在区域防洪排涝、灌溉供水、生态环境等方面持续发挥着重要的基础作用，溇港水利文化也是湖州区域文化的重要组成部分，具有唯一性和独特性，是保障湖州国家级历史文化名城、浙江省旅游城市地位的重要文化资源。推进溇港水利文化遗产保护是贯彻落实国家生态文明建设、城乡融合发展的"美丽中国"梦，结合湖州市生态文明先行示范区建设，践行"绿水青山就是金山银山"发展理念的需要。

目前溇港水利文化内涵、外延的挖掘及价值阐释，与区域经济社会发展的需求还存在差距。申报世界灌溉工程遗产是重要的历史契机，将更深入地挖掘遗产的科学与文化价值，有效整合溇港水利、农业及其相关的文化资源，实现文化遗产合理保护与科学利用的结合，为区域经济社会良性发展提供平台，最终形成以生态文明为核心的城市发展格局。

1.3 条　编制目的

为进一步传承、弘扬和发展溇港文化，切实加强太湖溇港水利遗产科学保护和合理利用工作，充分发挥溇港水利、文化、生态功能，实现太湖溇港遗产及具有历史文化价值的人文景观和自然景观的全面保护，推进 2016 年太湖溇港申报世界灌溉工程遗产准备工作，特此编制《太湖溇港水利遗产保护与利用规划》。

1.4 条　规划性质

本规划从属城市总体规划，是针对溇港工程、水文化遗产实施保护与可持续利用的专项规划，是环太湖溇港及其相关的水利遗产保护、利用和管理的依据。

1.5 条　规划依据

《中华人民共和国城乡规划法》（2008）

《中华人民共和国水法》（2002）

《中华人民共和国防洪法》（2015）

《中华人民共和国环境保护法》（2014）

《中华人民共和国土地管理法》（2004）

《中华人民共和国文物保护法》（2007）

《中华人民共和国文物保护法实施条例》（2003）

《历史文化名城名镇名村保护条例》（2008）

《中华人民共和国河道管理条例》（1988）

《水利水电工程管理条例》（1983）

《城市规划编制办法》（2006）

《城市规划强制性内容暂行规定》（2002）

《太湖流域管理条例》（2011）

《浙江省河道管理条例》（2012）

《浙江省水利工程安全管理条例》（2009）

《太湖流域综合规划（2012—2030）》

《湖州市城市总体规划（2003—2020）》

《湖州历史文化名城保护规划》（2013）

《湖州市旅游发展总体规划（2011—2020）》

《湖州市生态文明建设规划（2010—2020）》

《湖州市乡村旅游发展规划（2011—2015）》

《湖州市环太湖绿道规划》（2011）

《湖州市湿地保护规划（2006—2020）》

《湖州市国民经济和社会发展第十二个五年计划》（2011）

《浙江省湖州市生态文明先行示范区建设方案的通知》（2014）

《浙江省湖州市生态文明先行示范区 10 个示范工程专项实施方案》（2014）

《湖州市区环境功能区划》（2014）

《湖州南太湖滨湖区域一体化发展规划》（2015）

《湖州市区水域保护规划》（2012）

《湖州市中心城市水域保护规划》（2012）

1.6 条　规划范围和期限

太湖溇港水利遗产分布范围是本次保护规划的规划区范围，东、北至太湖南岸，南以頔（荻）塘为界，东起江浙两省交界的胡溇，北至长兴斯圻港，西至杭宁高铁线，太湖溇港及其受益区的总面积约 440 平方千米。

本次规划的期限为 2016—2020 年。基准年为 2014 年。

近期 2016—2017 年

远期 2018—2020 年

1.7 条　规划衔接

溇港遗产保护规划纳入市县规划编制和规划管理中，从属湖州市总体规划，与水利、农业各专项规划衔接。溇港水利遗产保护规划及针对重点遗产的保护展示规划应作为规划范围各项规划的专项要求，指导湖州水利遗产的保护利用工作。

第二章　遗产构成与价值分析

2.1 条　遗产特点综述

溇港与太湖堤防建设同步，是区域环境改善和农业开发的基础。溇港见证了两千年来太湖流域治水史和农业发展史，以及环太湖地区人文与自然史的演变进程，是中国水利遗产重要类型。

溇港圩田是太湖流域特有的水利类型，在区域农业经济中具有举足轻重的地位。

溇港圩田的发展始于太湖滩涂上的横塘修筑。由于横塘的兴建，形成了相对独立的圩田区及灌排沟渠系统。战国末年吴越争霸下的军事屯垦带动了河渠体系形成，特有田制——圩田随之同步发展。至迟10世纪时太湖溇港工程体系已经形成，并为区域农业发展奠定基础。元明清时期太湖流域已经成为中国主要粮食产区和纺织品生产地，是供给北京和军队漕粮的主要输出地，是13世纪以后中国南方经济中心之一。

太湖流域水系以太湖为中心，分为上游水系和下游水系两部分。上游来水主要有南源的苕溪水系和西源的荆溪水系。下游有三江泄水：吴淞江、东江和娄江，分别从东北、东和东南注入江海。太湖堤形成前，太湖东部、南部没有显著的湖界。南太湖堤至迟于春秋开始建设，最后湖堤完成于10世纪的吴江塘路。在区域行洪、排水、灌溉与水运等多重需求下，临湖滩地与滨湖平原不断扩展，太湖溇港逐步延长和加密，形成了今天平均500～840米一条溇港的密度。溇港的开凿、维护，与土地整治、农桑的发展相互促进，形成了相对独立的桑基圩堤，圩内形成了独立的灌排体系和农业生产体系。溇港、横塘与圩堤、桑田、鱼塘、湖漾之间的良性互动，造就了区域特有的河湖连通生态体系，清淤、储肥、灌溉、养殖各环节互动，形成了独特的人文和自然环境。溇港这一太湖区域独有的文化遗产见证了两千多年区域政治、经济、文化发展的历史。

2.2条　遗产构成

太湖溇港水利遗产由四部分组成：太湖堤防工程、溇港塘漾体系、圩田沟洫体系，以及其他相关遗产（见证溇港历史的古桥、堤岸、桑基圩田等）。基于此认知，形成溇港遗产构成（表1）。

1. 太湖堤防工程

太湖堤防体系的建设和完善，是溇港水网形成和圩田水利建设的基本条件。湖州境内太湖堤防长度约65千米。太湖堤防的建成，使溇港圩田所在的区域水环境发生根本转变，由季节性涨水的滩涂涸出成陆，为灌溉农业和区域经济文化的发展创造了基本条件。

2. 溇港横塘体系

区域内具有历史价值的溇港横塘包括3条横塘、73条溇港。以横塘为纬、溇港为经的横塘纵溇系统是本项遗产的主体。此外还有横塘纵溇间16处湖漾，以及口门、涵闸、斗门等控制工程。纵溇共73条，名单见附表1，其中30条为重点保护对象，见附表2。

湖漾是横塘纵溇间的面积较大的水域，面积20万～60万平方米，其中以盛家漾、大荡漾、松溪漾、清墩漾、陆家漾、长田漾、西山漾为比较大的漾。它们是太湖沿岸重要的水柜与生态湿地。

3. 溇港圩田体系

溇港圩田的规模一般在几十亩至千亩左右，经过1950—1990年大规模的联圩并圩和20世纪以来的中小圩区和现代化圩区建设，总面积超过1万亩的中格局圩区也仅有75个，占圩区总数的4.48%，而千亩以下的圩区总数则达1181个，约占70.46%。各处圩田具有完备的田中水渠、内港、外港及抽水泵站。

4. 其他相关遗产

其他相关水利遗产主要包括溇港上的古桥、各溇港口门附近保留的水神寺庙、与水事活动相关的祭祀活动等。

表 1 　　　　　　　　　太湖溇港水利遗产构成表

类别		遗产名称
太湖堤防工程		
溇港横塘体系	横塘	颇（荻）塘（长湖申线航道）、北横塘（古运粮河）、南横塘（里塘河）、中横塘（中塘河、戴山港）
	溇港	大钱港、小梅港、新塘港－长兜港（原名张婆港、杭湖锡航道）、罗溇（南接义家漾港）、幻溇（幻晟航道）、汤溇（太嘉湖工程）、濮溇（南接轧村港、邢窑塘）、白米塘（东宗线航道）等 73 条溇港。保护重点是胡溇等 30 条溇港。
	湖漾	大荡漾、松溪漾、清墩漾、陆家漾、长田漾、西山漾等湖漾
	控制工程	口门、涵闸、斗门、驳岸、河埠
溇港圩田体系	圩田	义皋圩田、大溇圩田、东桥圩田、许溇圩田等
	灌溉与排水渠系	斗渠、毛渠、沟
	控制工程	斗门、涵
其他相关遗产	古桥	双甲桥（乔溇）、尚义桥（义皋溇）、项王桥（汤溇）等
	寺庙	大钱村"天后娘娘庙"、杨渎桥村"徐大将军庙"等
	祭祀活动	三官会、放水灯、祭雨祀晴、龙舟竞渡、三十六溇歌、抗旱排涝时唱的车水号子、金溇马灯、杨溇龙灯等
	碑刻、历史典籍	

2.3 条 价值分析

湖州是太湖流域溇港及塘浦圩田系统发端最早、体系最完善、特征最鲜明和唯一完整留存的地区，溇港圩田是本土先民在社会经济发展和与自然灾害抗争过程中，创造的适应太湖南岸地区地势低洼、河网密布特点和水土资源条件的水利工程体系，是我国传统水利的光辉典范，是生态、经济、交通、文化、社会协调发展、人水和谐的杰出代表，在华夏民族的文明史和水利史上，具有十分重要的地位。

太湖溇港具有重要的科学技术价值，其选址科学、布局合理、工程体系完备，闸坝斗门蓄泄兼顾、综合利用水资源；又具备深厚的文化价值，水管理制度、机构和法规制度及古桥、档案、碑刻、诗词、灌溉节日、民风民俗等，都反映了太湖溇港千余年的发展脉络以及历史文化特征，此外，其兴衰沿革还塑造了周边类型多样、水陆复合、人水和谐、缤纷多彩的生态环境景观。

1. 历史价值

太湖地区的溇港建设可追溯至春秋时期（约公元前500年），历经上千年的发展，至南宋时成熟完善，经元明清的持续经营而绵延至今。太湖溇港是区域人口增加、人水矛盾发展中出现的水利工程类型，它的形成和发展阐释了水利在协调人水矛盾中的社会功能。太湖流域自唐代起就成为中国粮仓和粮食的主要调出地，是中国经济重心，文化最为发达的地区。溇港见证了区域自然变迁和社会人文史，为春秋战国时期吴越争霸、江南运河开凿与经营，晋、唐、宋三次人口大转移和北宋"塘浦圩田"解体，以及南北方经济、文化交流等历史重要事件提供了特殊见证。

2. 科技价值

在太湖未筑堤之前，由于太湖水域季节性、年际性较大差异，形成了旱涝交替的广大湖涂区域。通过筑太湖堤、修横塘、开溇港、治圩田，逐步形成了具有挡水、排涝、行洪、垦殖、航运等功能的水利体系，造就了顺应自然、改造自然的和谐环境，体现了古代劳动人民治水、用水的智慧。

太湖溇港水利遗产系统是中国古代传统沟洫制与田制结合，治水与治田并举的典范。溇港巧妙地利用了自然环境，通过治水达到治田的目的，取得了排涝、水运、灌溉、防洪、发展农业的综合效益。

太湖溇港圩田系统规模适度，布局合理，设置科学，便于修筑、维护，体现了尊重自然、顺应自然的规划理念，以自然圩和独立墩岛为基础，因势筑围，逐一建成，保持了河流的连续性，是河湖连通的典范。

在长期的历史过程中，形成了溇港完备、有效的水利工程体系和管理机制。根据太湖风浪的特点设置溇港口门，通过口门的朝向、大小节制水量，并均设有汛所专门管理。太湖溇港具有政府督导、民间自治结合的管理机制，并通过溇港疏浚、防汛报汛等管理制度将治水治田、防洪排涝结合起来，形成了以溇港为核心的区域水利社会管理体系。

3. 生态价值

太湖溇港在特定的自然环境下，通过水利工程措施，改善了区域环境，形成了独特的圩田农业生态环境。利用众多湖漾、疏密有度的骨干溇港和"横塘纵溇"的独特的格局，急流缓受、级级调蓄，有利于扩散山洪激流、增加排洪能力，较好地解决了汛期西部和西南山区苕溪等山溪性河流源短流急、激湍奔突、暴涨暴落和滨湖平原地势低洼、洪涝渍水不易外排疏干和旱季引水的难点；"田成于圩内，水行于圩外"的纵溇横塘和优化的农田水利系统也有力地催生和促成了桑基鱼塘、桑基圩田的形成和发育，利用开筑横塘纵溇和浚河取出的土方修筑堤防种植桑树，桑叶养蚕，蚕粪肥泥，肥泥培桑，这种独特的农田水利系统和营田方式为桑基圩田和桑基鱼塘的健康发育奠定了坚实的基础，并建成了符合循环经济理念和享誉中外的良性生态循环系统，也可成为现代河湖连通的典范。

4. 文化价值

娄港地区具有鲜明的地域文化特点，特有的水管理制度衍生了区域性水神崇拜和灌溉节日，反映出太湖娄港千余年的发展脉络以及历史文化特征。各娄港口门和村镇附近至今仍保留的古寺（庙），缅怀和追思治水先人；祭雨祀晴、唱车水号子等民风民俗；罱河泥等生态治田清淤、肥泥培桑技术。这些区域性的民俗是太湖娄港延续至今的文化基因，具有独特的文化魅力。此外，由娄港文化衍生的运河文化、稻作文化、丝绸（蚕桑）文化、渔文化、桥文化、船文化、园林文化、旅游文化等，也成为区域文化内涵符号。

5. 景观价值

娄港是太湖平原与水利工程共同营造的自然与文化景观，具有山—原—河—湖一体的特点，其中以湖州境内的娄港景观最为完善，最具代表性。湖州娄港体系内桑基圩田规模适宜、布局合理，与运河水运系统和城乡聚落融为一体，具有极高的经济、科学、社会、生态和美学价值。水利工程、圩田、村落等是这一体系中的重要环节。水利工程（娄港、堤防、涵闸、斗门、驳岸、埠头）、圩田，以及相关建筑（汛所、古桥、水神庙）等构成了遗产本体，构成区域文化景观要素。

第三章　现状评价

3.1 条　保存现状评价

娄港是在用的古代水利工程，湖州境内的娄港仍是区域灌溉、防洪、排涝的骨干工程。近年城市化进程中，部分娄港堵塞，岸域存在过度园林化、房地产密集等影响娄港功能发挥和破坏遗产本体景观等问题。

1. 溇港

溇港系统整体格局尚存。河道一般宽 2 — 3.5 米（附表 1）。大部分溇港北端通太湖，南端连通北塘河，或者间接连通戴山港或荻塘。

近 30 年来市场经济的冲击下，随着罱河泥等传统的疏浚措施终止，溇港淤塞呈现日益严重和通湖数量减少的趋势。90 年代为 73 条溇港通湖；2000 年通湖数目减少到 47 条；2015 年溇港通湖数量为 39 条，未通湖数量 34 条。由于缺乏水利、文物保护、城建等部门的相互协作，部分古代溇港堤岸、古桥、水神崇拜建筑被损坏，溇港通湖口遭到阻断。与溇港联系在一起的古湖闸消失殆尽，溇港上的古石桥大多被破坏，原有溇港湖口淤塞段土地被侵占建房的现象时有发生。

2. 横塘

多数横塘被阻断，完整性遭到破坏，其中尚有 3 条主要横塘——顿塘、北横塘、南横塘基本完好。

3. 湖漾

近年来，随着城市建设、重点工程建设规模的扩大，土地整理、交通建设的需要，填河围漾、与水争地的现象日趋严重，也导致湖漾吞吐调蓄、急流缓受的功能萎缩。工业的发展也带来水质污染的问题。

4. 水利工程设施

湖州市区浦港、陈溇、沈溇等众多涵闸都已相继被封，闸口涵洞仅剩十多座，18 条功能已废弃，但河道遗迹尚存，至今仍然发挥其原有的防洪、灌溉、交通功能者 21 条。

5.圩区

城市化建设导致圩区面积缩减严重；塘基上种桑、塘中养鱼、桑叶喂蚕、蚕屎饲鱼、塘泥培桑的"桑基鱼塘"的传统农耕模式基本消失，圩区农业系统日渐萎缩；渠道等基层水利系统长久失修，淤塞严重；环境污染存在；具有历史价值的史迹建筑面临消失的危险，危及溇港水利系统的价值阐释。

3.2条　管理现状评价

太湖溇港水利遗产分别位于湖州市的2个行政辖区吴兴区、长兴县，水利系统分属省、市、县三级管理（见附表1），农田系统由国土和农业主管部门管理，遗产保护涉及规划、文保、水利、环保等多个部门。多部门的管理、多行政辖区和多行政主体的权属问题，缺少市一级专业的协调部门，统一负责遗产的保护与利用，使得太湖溇港水利遗产的保护与利用缺少整体规划、统一管控和引导，给协调发展带来困难。

1.制度基础

近年溇港水利文化遗产的核心价值，已经得到了政府、公众的普遍认可，对遗产保护比较重视。已投入大量人力、物力、财力，并取得相当的成效，溇港水利遗产保护工作的社会效益和经济效益日益凸显。

2. 主要问题

溇港涉及水利、交通、市政、文物等部门，管理体制有待理顺。由于管理制度不够健全，缺乏有针对性的管理措施，在保护区内存在未经批准的滥建现象。基层遗产管理人员缺乏必备的专业素质，溇港遗产本体及相关文物遗迹、遗物遭到建设性毁坏的现象时有发生。

3.3 条　利用现状评价

溇港是在用的古代水利工程，横塘纵港的防洪、排涝、供水、水利功能还在发挥，圩田灌溉排水系统仍然发挥作用。溇港遗产所处地理位置、保存现状、历史价值较具开发潜力，可实现保护与发展相协调。湖州历史文化在国内外有较大影响力和知名度，但溇港遗产知名度和影响力不高。遗产区基层政府组织和乡镇社区公众的溇港文化保护意识较强。

第四章　规划目标、原则与基本思路

4.1 条　规划目标

总体目标：科学保护优秀的水利历史文化遗产，保护独具特色区域农业灌溉形式。充分挖掘溇港水利文化内涵，部署溇港水利遗产保护的工程与非工程措施，修复溇港圩区自然与景观环境，实现保护与利用的协调发展，最终实现溇港水利遗产的永久保护。

1. 近期目标

实现溇港水利遗产重要点段的抢救性保护和水利体系的系统整治，申报成为世界灌溉工程遗产，初步形成溇港水利遗产保护、利用、展示和管理体系。具体目标如下：

（1）保存溇港圩田系统的完整性。选择典型溇港，实施修复性整治，提供具有展示价值的遗产典型区域，展现太湖溇港完整工程体系、生态体系和文化遗产体系。

（2）深入研究溇港水利遗产的历史演进，发掘、传承传统水利工程的科技文化内涵，编制阐释溇港科学价值、文化价值的视频和宣传图册。

（3）申报成为世界灌溉工程遗产。

2. 远期目标

通过工程与非工程措施实现区域主要溇港的水利功能、遗产地水生态的全面修复，形成完善的遗产保护、利用、展示和管理体系，实现溇港水利遗产的整体保护和可持续利用。达到如下目标：

（1）系统整治溇港、圩岸，形成水清流畅、景美岸绿的生态长廊，完善区域景观环境，实现保护、利用与展示的有机结合。

（2）通过调整产业结构，最大限度取消高污染企业，恢复溇港区水环境。发展圩区高效农业、特色农业、休闲农业、景观农业。通过一定的管理措施和经济措施，恢复罱河泥、田桑等传统的生态农业作业方式，展示和再现循环经济的生命力，使溇港旅游资源得到充分利用。

（3）在环太湖区和溇港横塘沿岸建设高品质的遗产公园，如西山漾、长田漾、陆家漾，使其成为风景宜人并具有水利文化体验的独特区域，成为太湖区域的历史文化名胜区。

4.2 条　规划原则

1. 遗产保护优先原则

以保护为主、合理利用、加强管理为基本原则。溇港保护应在满足防洪、排涝、灌溉等水利功能持续的基础上，参考文化遗产保护的规定进行保护、展示及开发利用。保护区内的基本建设项目应在维持工程体系和环境的真实性及完整性的原则下科学规划和建设。

2. 可持续发展原则

在保护的前提下，在科学论证的基础上，积极做好溇港水利遗产利用工作。遗产的利用要立足本质特性，与区域文化产业、旅游产业相结合，与促进社会事业发展相适应。立足实际，着眼长远，促进区域经济发展、文化建设和生态环境改善，让溇港水利遗产保护事业在区域发展中发挥更大的作用。

3. 整体性原则

注重溇港遗产区域整体自然与人文环境的保护，使自然景观与文化景观共存、共生，丰富区域景观层次。人文景观与自然景观相结合，挖掘历史资源的文化内涵，发展旅游事业。

4. 分步实施原则

太湖溇港水利遗产的保护与利用工作应坚持"统一规划，分步实施"的原则，既要及时启动和实施先期项目，满足遗产长远保护和区域社会经济发展的需要，又要做好遗产资源的保护与永续利用。

5. 可操作性原则

根据遗产的价值和现状，结合社会、经济的发展计划，科学、合理地确定保护区划及相关保护、管理、展示、考古措施，保证规划实施的可操作性。

4.3 条　基本思路

太湖溇港水利遗产的保护与利用规划，遵循如下思路：

1. 依法保护、科学保护并举

明确溇港水利遗产受法律保护的地位，依据《水法》《文物法》的有关要求，实施依法保护。注重遗产真实性、完整性，充分尊重活态遗产合理利用的现状，科学规划遗产的保护、展示、管理和研究。

2. 把握好溇港遗产保护的点、线、面三个空间层次

强调点－线－面结合的保护利用发展方式。点即以溇口及其节制工程、古桥为关键节点；线即水道、堤防等线状工程体系；

面是点线穿插与典型田块构成的区域圩田系统，点、线、面结合，构建太湖溇港水利遗产保护利用的空间层次。

识别、区分遗产重要区段、重要点段在技术、经济、社会和景观各方面的不同价值特征，系统保护由遗存及其背景环境构成的价值单元。以溇口、湖漾、关键工程、典型圩田、历史桥梁、古村落古街区等为溇港遗产保护利用和展示的核心；以横塘纵港等骨干渠道、堤防构成溇港水利工程系统的空间网络；结合溇港间的圩田系统，构成太湖溇港圩田水利遗产面。在此基础上，制定系统、完整、层次分明、重点突出的遗产保护利用规划。

3. 处理好保护和发展的两个关系

处理好水利遗产科学保护与合理利用的关系；处理好保护文化遗产与区域经济发展的关系。

4. 充分与现有规划衔接

规划编制应与湖州市现有规划有效衔接，与交通、水利、环境等部门及相关各级地方人民政府制定的法规、管理条例、规定、办法、专项（业）规划相衔接，确保规划的可行性和可操作性，保障本规划顺利实施。

第五章　保护规划

5.1 条　保护对象与保护范围

1. 保护对象

太湖溇港水利遗产系统。包括太湖堤防工程、溇港横塘、圩田系统，及其他相关遗产，如跨河桥梁、历史建筑、古碑刻、水神寺庙、祭祀活动等。

2. 保护范围

根据保护对象确定三处遗产保护范围。

（1）太湖堤防工程、溇港横塘保护范围

按照水行政主管部门划定的保护与管理范围确定。

（2）圩田系统保护范围

对历史文化价值突出、展示观赏价值突出的圩田系统进行整体保护。一般圩田系统按照国土部门制定的基本农田保护规划要求划定保护范围。

（3）其他相关文化遗产的保护范围

由文物保护和管理部门认定相关遗产并设定其保护范围。

5.2 条　保护原则

1. 遗产保护与管理措施，应以防洪安全与灌溉等水利、水运功能可持续为前提。

2. 维持溇港灌溉系统的完整性，实施整体保护。

3. 对遗产实施最少干预，最大程度地保存历史信息。

4. 引进世界先进的保护理念和技术手段，提倡多学科合作。通过水利史、遗产保护、历史地理等多学科的合作，深度挖掘遗产的科学与文化价值，科学合理部署和实施保护工程与非工程措施。

5. 鼓励公众参与遗产的保护，多目标发展，推动遗产地高效农业、生态农业和休闲农业等与遗产保护协同发展。实现溇港湖漾等水环境、水生态的全面修复，合理利用岸域，规划具有溇港展示功能及休闲功能的绿道或景观带。

6. 溇港水利遗产维护、维修，应采用传统施工工艺和传统材料。维护维修过程中，应当遵守不改变原状的原则，由具有水利工程文物保护资质的单位承担。

7. 对于当前已经消失的溇港遗产组成部分，原则上不复建；

确有重要科技历史文化价值的，须经专家论证后，经市人民政府批准，方可实施复建。

5.3 条　保护范围管理要求

1. 因不可抗拒自然力，使得河道河势发生较大变化时，应对其保护区划进行相应的调整。

2. 分类管理，分级审批。遗产保护范围内除防洪、航道疏浚与建设、水利工程设施保护和维护、输水河道工程、港口整治与建设等工程外，需经过相关审批方可进行其他作业。

3. 遗产保护范围内不得新建、扩建影响遗产及其景观、空气、水环境质量的项目，对已建成超过污染物排放标准并对遗产及其景观、空气、水环境质量造成污染的项目，由所在地县级以上人民政府环境保护主管部门责令限期治理。

4. 遗产保护范围内不得进行可能影响遗产安全及其环境的活动，对已有的危害遗产安全、破坏遗产环境的活动，应当及时查处。

5. 保护范围内禁止高强度的建设行为，在娄港水利遗产保护范围内进行建设活动需得到水行政主管部门的审批。

6. 遗产保护范围内，要服从防洪调度的需求，但不得损害或拆除历史遗产或其他文物古迹。

7. 加强娄港地区水环境保护和河道长效保洁，确保达到水功能区和水环境功能区要求。

5.4 条　常规保护措施

1. 设置文化遗产标识系统

包括设置保护界碑和沿保护界线设置界桩。保护标识的设置应符合有关规定。保护范围与河道管理范围或其他保护界线重合的，应结合设置。界限标志可采用多种方法和手段，如地貌标志、植被标志、工程标志等。

标志与说明牌。分别对溇口、关键工程、跨河历史桥梁，建成区内主要渠道、展示示范的圩田系统等做出标志和说明。各种标志和说明牌，其色调、体量、造型等应当与溇港灌溉系统传统风貌相协调。主要包括交通和旅游标识：

（1）交通导示与标识系统

根据国家交通标志标识的要求进行设计制作。分别在高速公路、市域范围内的主要交通干道上以及主要岔道口增设地名指向标牌，标牌上注明抵达目的地的距离。

（2）旅游导示与标识系统

按高速公路规定分别设置旅游导示牌。在市域内交通干道和主要岔口，配合交通标志标识增设旅游引导牌。遗产区内各个景点设置统一规格的解说牌。结合遗址类型和特点，选用与整体环境相适应质材和形制，与所对应的遗产体量、类型和总体视觉相协调。解说牌文字力求表述准确，语言简洁。

2. 建立遗产档案

建立遗产档案是保护遗产真实性的重要工作，应结合遗产研究进行。包括档案建设和现状信息采集与保存。

现状信息采集与保存是科学保护的主要措施之一。以全面采集现存实物信息为前提，并落实信息记录、管理和研究，使现存历史信息获得真实、全面的永久保存，同时为遗产影响评价、遗产监测、展示传播、文物复制、遗产研究提供翔实、准确的量化数据。

3. 实施风险防范

灾害防治：主要针对洪水灾害，应贯彻"全面规划、综合治理、防治结合、以防为主"的防洪减灾方针,科学确定防洪标准。

遗产安全防范工程:完善遗迹的防护设施,关键遗产工程建立安全技术防范报警系统工程。

5.5 条　具体保护措施

1. 根据溇港水利遗产的残损和毁坏程度,分别制定抢险加固和修缮计划。堤岸、水工设施保护应结合自然地形,使用传统河工构件和施工工艺进行岸坡防护、堤岸加固,将部分涵闸、涵管以及扬水站等穿堤建筑物恢复到原有状态。

2. 建立河道长效保洁制度,落实经费,落实专人开展河道保洁,确保河面干净整洁。

3. 加强日常巡视检查,及时发现险情,并及时抢险加固。针对遗产工程实施日常管理和保养,及时排除各种不利影响。日常管理与保养包括对遗产及其相关环境的保护、维修、界限标记的维护维修等。

4. 对遗产实施监测包括对问题多发易发部位和易损害部位观测;针对情况安排专职巡查人员以防意外。

5. 进行溇港、湖漾等清淤、疏浚整治、堤防修筑等工程措施时,保持现有河道形态不变、岸域环境不变。

6. 村镇垃圾集中收集和处理。建立垃圾专人管理、定时定点收集和保洁制度,并将垃圾收集后外运合理处置,避免对景区环境造成污染。在客流集散地、步行游览线上按照每隔 30–60 米距离设置垃圾桶。遗产区的垃圾分别收集并分拣,有机物集中处置,堆肥还田,无机物填埋。

7. 对于价值比较高、保存好的遗址,建设与遗址环境和本体相协调的保护设施进行保护。

5.6 条　维护加固措施

1. 以翔实的史料、调查研究资料、材料分析为依据；有翔实准确并经论证的加固维修方案；有与原结构相同的材料和可行的加工工艺；由训练有素的专业队伍进行施工。

2. 渠道岸线、关键工程发生垮塌的，应清理加固或重做基础。尽量采用传统材料，除因结构原因或工程的特别需要，不得在隐蔽部分使用现代钢筋混凝土材料替代传统材料。

3. 建立制度，定期清除关键工程、跨河古桥等建筑物上生长的较大根系的植物。除去较大的树后应当修补树洞。

5.7 条　科学研究措施

继续深入开展遗产调查及信息管理。持续开展溇港遗产专题研究，进一步厘清溇港演变及水利史的基本问题。开展溇港保护技术研究，为科学保护与利用提供技术支撑。

5.8 条　遗产安全措施

1. 完善道路建设

遗产区现有道路系统，尤其是乡间游览系统连通性较差。根据遗产保护工作推进要求，逐步完善现有道路系统，尤其是具有展示价值的田间展示系统的道路。道路建设要与环境相协调，避免过度硬化。

2. 建立防护工程及安全制度

针对遗产区比较脆弱的遗产本体建立防护工程，减少人为不合理的扰动，避免给遗产带来损坏。

遗产展示区域对外开放前进行安全验收。展示工程建设严格执行"四同时"的规定。工程验收不符合安全要求的，不能对外开放。

3. 核心区旅游基础设施应科学合理

核心区内的旅游设施建设要以保护遗产真实性、完整性为基础，合理选址保证遗产本体、景观风貌一致性。

5.9 条　主要任务

1. 建立溇港遗产管理体系

成立由湖州市政府为主导的溇港水利遗产管理机构，配备专门管理人员，提供必要经费，建立保护管理制度。

2. 开展遗产申遗前期研究

针对世界文化遗产、世界灌溉工程遗产遴选的技术要求，开展溇港价值的前期研究，系统、科学把握遗产的科技文化价值。

3. 开展环境整治

针对遗产区内遗产本体、周边环境进行综合整治。清理环境垃圾、改善水质、提升溇港横塘周边环境质量。

4. 溇港遗产景区建设

立足吴兴区西山滨湖旅游区、南浔古镇旅游度假区和织里镇的义皋古村落，结合周边溇港灌溉水利系统，建设溇港遗产景区，使之成为公众体验溇港及圩田农耕文化的场所。

第六章　利用规划

太湖溇港水利遗产的合理利用，是实现遗产现实价值、延续遗产生命的重要措施，同时促进遗产的可持续保护。保护利用遗产良好的文化景观和优美的自然环境，是区域生态文明建设的重要实践，不仅为公众提供共享水利遗产、认知传统水利的广阔天地，还将助力区域经济可持续发展。

6.1 条　利用原则

1. 必须以保证水利遗产的安全性、历史性，保证历史景观与自然景观的完整性为前提。

2. 应具有研究、公共教育、艺术欣赏、文化传播、促进地方经济发展等多方面社会价值和意义。

3. 应注意环境优化，合理设置游客服务中心，各种旅游服务和配套设施必须与遗产地环境气氛协调。

4. 应合理布置溇港水利遗产旅游开放段，积极引导游客，实现区域人文景观与自然景观的整合。

6.2 条　利用目标

在科学、有效保护遗产的前提下，发挥太湖溇港的水利功能、文化功能和生态功能。点线面结合，采用多种方式，系统展示溇港水利遗产工程系统、运行机理、功能效益和历史文化，达到水利遗产保护、利用、宣传、知识普及、促进地区经济可持续发展等目标。

6.3 条　利用总体布局

1. 选择具有生态及文化价值的溇港，进行河湖连通

对于现已阻断但形制仍在的 10 条小溇港，采用合适的工程措施，将伍浦溇、陈溇、杨溇、许溇、晟溇、石桥浦溇，与太湖沟通；特别是文化积淀深厚的陈溇、伍浦溇。

2. 建设溇港水利遗产泛博物馆

室内展区以溇港遗产、区域文化和民俗为主，室外建设两个溇港水利遗产展示区，一个以义皋溇、陈溇、濮溇和大钱港为主的遗产展示区，一个以荻塘、射中、竹墩和凤凰洲为主体的桑基圩田、桑基鱼塘展示区。

3. 抢救和修复重点溇港工程

以申报世界灌溉工程遗产为契机，认真做好溇港圩田水利遗

产的保护规划，进一步挖掘积淀深厚的溇港圩田水利文化，抢救和修复一批溇港水工建筑群。

4.打造溇港文化休闲品牌

结合湖漾湿地保护区、桑基圩田、桑基鱼塘建设，开展现代休闲旅游观光农业，建设绿道，开展环湖自行车比赛等活动。

5.保护相关文化建筑，发掘水神祭祀活动的社会学价值

历史上太湖溇港曾形成"一溇一庙（寺）"的格局，保护现存溇港水利庙祠，如大钱村太湖神庙、乔家溇村布金寺、杨溇大庙、大溇紫金庙、湖溇寿宁寺等。挖掘历史时期水神崇拜活动和用水习俗，鼓励村镇居民开展民俗庆典活动，以形成良好的社区文化交流氛围，提升区域文化凝聚力。

第七章　重点项目规划

7.1条　溇港水系系统整治工程

对溇港水系进行系统整治，主要工作包括：

（1）河道清淤清障，清理垃圾，改善河流水环境；

（2）恢复阻塞、填埋河段或节点，实现河湖水系连通；

（3）修复受损堤防、护岸，保障防洪排涝安全；

（4）溇港古堤、古闸、古堰、古桥保护；

（5）整治向溇港水系的排污口，结合雨污分流、污水处理等工作，避免溇港水系污染。2016年重要溇港水质达到相关单位目标水质考核要求。

7.2条　申报世界灌溉工程遗产

太湖溇港申报世界灌溉工程遗产，将为湖州增添一张世界级文化名片，是进一步提升湖州市文化影响力和知名度的重要工作。按照国际灌排委员会、中国国家灌排委员会的相关要求，做好太

湖溇港圩田水利系统保护整治工作，深入挖掘溇港水利历史文化，组织编制申报材料、做好迎检评估准备。

主要工作：组织编制申报书；溇港圩田整治展示工作；申遗视频制作；申报组织工作。

7.3 条　环太湖溇港文化休闲绿道

利用太湖及溇港、横塘岸线资源，开辟太湖溇港文化休闲绿道，将太湖—溇港水网系统—圩田农业系统—古村古桥古建筑等相关文化资源连接为整体，系统展示湖州太湖溇港水利文化。

主要项目：环太湖休闲绿道建设；溇港口门系统整治。

7.4 条　小沉渎溇港圩田灌溉工程遗产公园

小沉渎溇港遗产区见证了太湖岸线变迁、溇港形成和发展，以及溇港圩田农业发展历程，桑基圩田灌溉农业系统具有代表性。以小沉渎溇港圩田遗产及古太湖堤、古闸遗址、古桥等为基础，通过环境提升、遗产展示等形成太湖溇港圩田灌溉工程遗产具有代表性的遗产公园。

主要项目：闸室改造提升工程；溇港清淤；环境整治提升；桑基圩田农业灌溉整治。

7.5 条　义皋溇港圩田灌溉文化景观

义皋古村位于吴兴区织里镇，北滨太湖、西邻幻溇、东临濮溇，是典型的溇港圩田农业的代表。义皋古村落的古街区、古建筑等文化遗产保存相对完整，整合义皋古村落文化景观、溇港水系、圩田农业景观，保护修复溇港圩田水利系统，完善相关展陈、游览设施，将义皋古村建成太湖溇港圩田系统展示的代表性文化名片。

主要项目：溇港展陈馆建设；溇港清淤整治、水系恢复；溇港圩田系统展陈；陈溇保护。

7.6 条　大钱溇港圩田古镇风貌文化区

大钱古镇是溇港圩田遗产区具有代表性的历史人文聚落之一。保护大钱古镇及溇港圩田水利系统，建设"大钱溇港圩田古镇风貌文化区"。

主要项目：大钱古镇系统保护；大钱村溇港圩田系统保护与展示。

7.7 条　潘季驯纪念园水利科技文化展示区

潘季驯是我国明代著名水利专家。潘季驯的束水攻沙理论，成为黄河、淮河、运河治理方略，成为明清两代治河的基本策略，在中国水利史乃至世界水利史上具有重要地位。毗邻潘季驯纪念园即为一块体系完整的圩田农业区，结合潘季驯纪念园、钱山漾水利风景区及圩田农业景观，系统疏导区域河湖水系，布设系统的展陈设施，形成以传统水利科技文化、河湖水利自然风光、圩田灌溉农业景观为主题的水利科技文化展示区。

主要项目：潘季驯纪念园建设。

7.8 条　溇港水利文化遗产保护修复

对太湖溇港遗产区内现存各类水利遗产进行保护、修复，针对各处遗产特性及不同现状条件，研究编制保护方案，并按照不破坏遗存、修旧如旧等原则进行适度修复。

第八章　阶段任务

根据保护与利用的总体任务，按照开展工作的轻重缓急和急用先行的原则，分近期和中远期安排工作任务。

8.1 条　近期任务（2016—2017）

太湖溇港水利遗产保护利用的近期任务，主要以 2016 年申报世界灌溉工程遗产为目标。选取溇港圩田体系完整、代表性强的区域为重点展示区。近期拟在重点展示区内开展必要的保护、修复、整治、展示及价值挖掘工作，对重要遗产实施抢救性保护和整治。

拟完成如下任务：

（1）完成世界灌溉工程遗产申报工作；

（2）完成重点溇港河道系统整治；

（3）完成重点水利遗产（古桥、涵闸、斗门等）的抢救性保护与修复；

（4）完成重点溇港、重点区域的溇港圩田水系水环境、水生态及岸域生态环境景观适度修复；

（5）初步完成小沉渎溇港圩田灌溉工程遗产整治；

（6）初步完成义皋溇港展陈馆及溇港圩田系统整治和展陈建设；

（7）初步形成护岸太湖溇港文化休闲绿道线路；

（8）初步整合大钱古镇及溇港圩田系统。

8.2条　远期任务（2018—2020）

实现太湖溇港水利遗产的全面保护，合理利用，拟完成如下任务：

（1）完成溇港管理制度建设。形成市、县、乡镇三级溇港水行政管理体系和工程管理体系；

（2）建立溇港水利遗产的常规维护机制；

（3）适当恢复传统疏浚（罱河泥）、蚕桑、稻作等民俗活动，让遗产保护成为遗产区人民的共同行动；

（4）完成或改善展示配套设施建设，建设溇港圩田灌溉文化展示区；

（5）完成环太湖及溇港岸线文化休闲绿道建设，断头河河道疏浚及岸域环境整治，实现溇港、湖漾、圩田内沟渠的连通；

（6）完成区域经济结构调整，实现水资源的全面保护，达到水质远期目标要求；

（7）选择典型区域，建设溇港圩田高效农业示范区、观光农业区，使溇港遗产的保护与利用有机结合。

第九章　保障措施

太湖溇港的保护和利用是湖州市水利局的主要职责之一，实施保障措施应从组织管理、资金保障、人才培养、宣传教育等方面入手，全面推动太湖溇港水利遗产的保护和利用。在文化意识上，树立湖州民众保护太湖溇港遗产的意识，使之成为全民的自觉行动。

9.1 条　组织管理

1. 健全的体制是溇港遗产有效保护与管理的基础

发挥责任主体作用，加强对规划实施的组织和领导；成立部门合作的申遗领导小组和工作小组；编制实施方案，落实规划实施。

2. 尽快编制《溇港水利遗产保护与利用条例》

逐步建立和规范责任监督机制，严格责任追究制度，保证责任制落到实处。各级政府应将溇港水利遗产、遗址的保护与环境保护、生态建设和经济发展规划有机地整合起来，并列入年度考核指标。

3. 制订鼓励溇港水利遗产保护的优惠政策

湖州市政府需为水利文化遗产保护提供便利的优惠政策，如对水利遗产提供专项保护资金；对水利文化遗产旅游业等给予政策支持；对水利文化遗产示范区内的居民在生活和生产上予以政

策和经济支持等，以此促进水利文化遗产的保护。

9.2条　资金保障

1.采取多种渠道筹集资金

（1）市县各级财政和水利部门积极筹措和落实经费。遗产保护有关经费列入本级财政预算，为有关工作展开提供保障。相关经费标准跟遗产保护的任务可按国家有关规定核定。

（2）积极争取水利部及其他相关国家部委的资金支持和资助，如通过水利部申请灌区续建配套及改造经费；加强与非政府组织的联系，争取社会企业、私人基金会的部分资金支持。

（3）滚动开发，筹集部分建设资金。

（4）对于旅游开发、特色农业产品开发等可以获得经济效益的项目，可以采取 BOT、合作开发、股权期权等多种融资形式，吸纳民间资本参与。

2.设立溇港水利遗产维护与管理的专项基金

申请中央和地方财政专项资金，用于工程常规性维护，以及防汛应急工程措施造成损坏后的修复。

3.加强监督检查

为保证资金安全、合理、有效的使用，相关部门要对资金管理使用情况进行监督检查。

9.3条　人才培养

完善分层、分级的专业人员培训机制，开展相关知识、技术、措施的培训，抓紧时间培养一批溇港水利文化遗产研究的后备人才。

9.4条　宣传教育

1.建立信息共享平台

通过网站、微信客户端、移动平台建设，逐步形成政府、科研院所、媒体、社区居民等各利益相关方交流的信息共享平台，进一步完善水利遗产保护与宣传的平台，进而形成全民认识、保护遗产的局面。

2. 加强宣传力度

通过科普读物、宣传册、报纸、电视、网络等多种大众媒介工具，加大水利文化遗产的宣传、教育和保护力度，编写出版溇港水利遗产保护丛书，组织拍摄专题宣传片，普及保护知识、相关政策和法规等，增强水利文化遗产的保护意识。在涉水相关活动中开展保护溇港水利遗产的宣传，建立全社会共同保护、合理利用水利文化遗产的良好氛围。

第十章　附则

10.1 条　文本的法律效力

在本次保护规划范围内进行各项建设活动的一切单位和个人，均应按法律、法规的有关规定执行本规划。本规划未涉及的水利遗产保护的其他内容，应遵循国家、浙江省及湖州市的相关法规、规定执行。

10.2 条　规划组织实施

本规划由湖州市市政府指定的主管部门总体协调，其他相关部门共同实施。

10.3 条　规划生效日期

本规划自批准公布之日起施行。

10.4 条　规划解释权

本规划由湖州市市政府负责解释。

附表1　　　　　　　　太湖溇港现状情况表

序号	溇港名称	位置	类别	管理权属	河道规模			河口控制闸	附属古桥
					长度（km）	河底宽（m）	底高程（m）		
1	胡溇	湖州市漾西乡	通湖	区级	1.35	3.5	1.15	单孔3.15m，木板门	述中桥
2	乔溇	湖州市漾西乡	通湖	区级	1.20	3.25	2.0	单孔3.45m，木板门	
3	宋溇	湖州市漾西乡	通湖	区级	1.15	3.25	2.05	单孔4m，钢筋混凝土平板门	项王塘桥
4	晟溇	湖州市漾西乡	不通湖		1.42	3.20	2.50	单孔3m，木板门	
5	汤溇	湖州市漾西乡	骨干河道	市级	2.50	15.00	0.05	3孔×6m，钢板门	迎晖桥、沈氏思慎堂
6	石桥浦	湖州市漾西乡	不通湖		1.35	2.25	2.15	单孔4.1m，木板门	
7	新浦溇	湖州市漾西乡	通湖		1.32	3.20	2.10	单孔4m，钢筋混凝土平板门	
8	钱溇	湖州市漾西乡	通湖	区级	1.54	4.40	2.30	单孔4m，钢筋混凝土平板门	
9	蒋溇	湖州市漾西乡	通湖	区级	1.25	3.30	2.13	单孔4m，钢筋混凝土平板门	蒋溇村安乐桥、双甲亭碑
10	伍浦溇	湖州市太湖乡	不通湖		1.30	3.0	2.29	单孔4m，钢筋混凝土平板门	伍浦村安乐桥、姜王里村太平桥

序号	溇港名称	位置	类别	管理权属	河道规模			河口控制闸	附属古桥
					长度（km）	河底宽（m）	底高程（m）		
11	濮溇	湖州市太湖乡	骨干河道	市级	9.80	32.0	-0.20	5孔，总净宽20m	
12	陈溇	湖州市太湖乡	不通湖		1.56	2.0	2.22	单孔4.8m，木板门	陈溇塘桥、胜塘桥、常乐村观音桥、万翠桥、栏杆塘桥、潘塘桥、两家桥、咸兴桥、梅林桥、西庆桥、俊秀桥、圣堂桥
13	义皋溇	湖州市织里镇	通湖	区级	1.517	2.0	2.12	单孔4m，钢筋混凝土平板门	尚义桥、常胜塘桥
14	谢溇	吴兴区高新区	通湖	区级	2.516	2.0	1.98	单孔4m，钢筋混凝土平板门	
15	杨溇	吴兴区高新区	通湖	区级	2.506	2.0	2.43	单孔4.45m，木板门	永济塘桥
16	许溇	吴兴区高新区	通湖	区级	2.097	2.0	2.61	单孔4.3m，木板门	
17	东金溇	吴兴区高新区	不通湖		2.50	1.0	2.73	单孔3.55m，木板门	
18	西金溇	吴兴区高新区	不通湖		2.50	1.0	2.40	单孔4.5m，木板门	

序号	溇港名称	位置	类别	管理权属	河道规模			河口控制闸	附属古桥
					长度（km）	河底宽（m）	底高程（m）		
19	幻溇	吴兴区高新区	骨干河道	市级	2.70	3.0	0.91	3孔总净宽12m	元通塘桥、约束桥、积善塘桥
20	潘溇	吴兴区高新区	不通湖		2.70	2.0	1.85	单孔3.45m，木板门	
21	新泾溇	吴兴区高新区	不通湖		2.60	1.0	2.23	单孔3.6m，木板门	
22	大溇	吴兴区高新区	通湖		2.10	3.0	2.40	单孔4m，钢筋混凝土平板门	大溇桥、永隆桥
23	罗溇	吴兴区高新区	骨干河道	市级	1.30	1.0	2.05	单孔4m，钢筋混凝土平板门	黑龙塘桥
24	沈溇	吴兴区高新区	不通湖		2.20	1.0	2.17	单孔3.72m，木板门	
25	诸溇	吴兴区高新区	通湖	区级	2.51	2.0	1.95	单孔4.07m，木板门	诸溇桥
26	大钱港	吴兴区高新区	骨干河道	市级	13.0	32.0	0.0	5孔×8m	
27	南门港	湖州市塘甸乡	不通湖		1.6	3.0	1.5	单孔3.5m，木板门	
28	北门港	湖州市塘甸乡	不通湖		1.0				寿安桥、永安塘桥

序号	溇港名称	位置	类别	管理权属	河道规模			河口控制闸	附属古桥
					长度（km）	河底宽（m）	底高程（m）		
29	泥桥港	湖州市塘甸乡	通湖	区级	1.55	3.90	1.48	单孔3.65m，木板门	积善桥
30	杨渎港	湖州市塘甸乡	通湖	区级	1.80	4.0	1.20		杨渎桥
31	宿渎港	湖州市塘甸乡	不通湖		2.10				
32	宣家港	湖州市塘甸乡	不通湖		0.9				苞阳关锁桥
33	尚沙港	湖州市塘甸乡	不通湖		1.2				
34	长兜港	湖州市塘甸乡	骨干河道	省级	1.8	90	−0.3		
35	管渎港	湖州市白雀乡						已拆除	妥帖桥
36	顾家港	湖州市白雀乡			1.94			已拆除	白莲桥
37	西山港	湖州市白雀乡			1.66			已拆除	
38	小梅港	湖州市白雀乡	骨干河道	省级	7.20	18	−2.0		
39	南横港	图影度假区图影村	通太湖	县级	11.5	30	−0.34		
40	蔡浦港	图影度假区图影村	已填埋	乡镇级	0.4	6	0.66	蔡浦港涵闸（1×1.5）	

左侧竖排：湖州溇港 与太湖堤共生的工程体系

序号	溇港名称	位置	类别	管理权属	河道规模			河口控制闸	附属古桥
					长度（km）	河底宽（m）	底高程（m）		
41	小沉渎港	图影度假区小沉渎村	通太湖	乡镇级	1.5	4	0.66	小沉渎闸（5×4）	震湖桥（北横港小沉渎闸—锁界桥港段，有震泽桥、600古河堤、百年朴树）
42	蒋港	洪桥镇东王村	不通太湖	乡镇级	0.6	1	0.16		
43	白茆港	洪桥镇东王村	不通太湖	乡镇级	0.7	1	0.16		
44	坍缺港	洪桥镇东王村	不通太湖	乡镇级	0.8	4	−0.34		
45	芦圻港	洪桥镇东王村	不通太湖	乡镇级	0.75	10	−0.34	芦圻港涵闸（1×1.5）	
46	钱家渎港	洪桥镇太湖村	通太湖	乡镇级	0.85	14	−0.34	钱家渎闸（5×4）	
47	宋家港	洪桥镇太湖村	不通太湖	乡镇级	0.9	5	−0.34		
48	邹家港	洪桥镇太湖村	不通太湖	乡镇级	0.9	4	−0.34	邹家港涵闸（1×1.5）	
49	福元港	洪桥镇太湖村	不通太湖	乡镇级	0.8	4	−0.34	福元港涵闸（1×1.5）	
50	杨家浦港	洪桥镇金星村	通太湖	市级	15.3	40	−1.8		

続表

附录

序号	溇港名称	位置	类别	管理权属	河道规模			河口控制闸	附属古桥
					长度（km）	河底宽（m）	底高程（m）		
51	竹小港	太湖街道新塘村	不通太湖	乡镇级	1.2	2	−0.34	竹小港涵闸（1×1.5）	
52	百步湾港	太湖街道新塘村	不通太湖	乡镇级	0.9	2	−0.34		
53	徐家港	太湖街道新塘村	通太湖	乡镇级	0.82	2	−0.34	徐家港闸（5×4）	
54	长兴港	太湖街道新塘村	通太湖	县级	32.1	55	−1.8		海安寺
55	莫鸭港	太湖街道新塘村	通太湖	乡镇	1	2	−0.34		
56	金鸡港	太湖街道彭城村	不通太湖	乡镇级	1	3	−0.34		
57	合溪新港	太湖街道彭城村	通太湖	县级	14.85	20	−1.04		
58	石仙港	太湖街道沉渎港村	不通太湖	乡镇级	1.24	1.3	0.16		西仓渡桥
59	杭渎港	太湖街道沉渎港村	不通太湖	乡镇级	0.47	1.3	0.16		万福桥（民国十三年）

183

序号	溇港名称	位置	类别	管理权属	河道规模			河口控制闸	附属古桥
					长度（km）	河底宽（m）	底高程（m）		
60	沉渎港	太湖街道沉渎港村	通太湖	县级	8.34	12	-0.34		大关桥（石梁桥）
61	鸡笼港	夹浦镇滨湖村	通太湖	乡镇级	2.1	5	-0.34		鸡笼港桥，嘉靖37年，1558年
62	丁家渚港	夹浦镇环沉村	通太湖	乡镇	2.1	5	-0.34	丁家渚节制闸（5×4）	丁家渚塘桥（古拱桥）
63	双港	夹浦镇夹浦村	通太湖	县级	1.35	25	-0.84		茂盛桥（1900，道仁斗自然村），谢庄桥（双港头村）
64	夹浦港	夹浦镇夹浦村	通太湖	县级	10.07	26	-0.34		大乌桥、小乌桥
65	长大港	夹浦镇长平村	通太湖	乡镇级	2.41	6	-0.34		庙港桥（明：嘉靖）
66	上周港	夹浦镇长平村	通太湖	乡镇级	2.66	8	-0.34		
67	常丰涧	夹浦香山、长平村	通太湖	县级	15.88	15	-0.34		
68	观音港	夹浦镇香山村	通太湖	乡镇级	0.34	4	0.66		
69	金村港	夹浦镇香山村	通太湖	乡镇级	2.4	6	0.16		利济桥（嘉庆己巳年1809年）

序号	溇港名称	位置	类别	管理权属	河道规模			河口控制闸	附属古桥
					长度（km）	河底宽（m）	底高程（m）		
70	迭楼湾	夹浦镇父子岭村	通太湖	乡镇级	0.1	3	0.16		
71	泥桥港	夹浦镇父子岭村	通太湖	乡镇级	0.07	3	0.16		
72	排埠港	夹浦镇父子岭村	通太湖	乡镇级	0.36	3	0.16		
73	斯圻港	夹浦镇父子岭村	通太湖	乡镇级	1	5	−0.34		大杨桥

附表2　　　　　　　　　太湖溇港重点保护对象表

序号	溇港名称	位置	类别	管理权属	河口控制闸	附属古桥
1	胡溇	湖州市漾西乡	通湖	区级	单孔 3.15m，木板门	述中桥
2	宋溇	湖州市漾西乡	通湖	区级	单孔 4m，钢筋混凝土平板门	项王塘桥
3	汤溇	湖州市漾西乡	骨干河道	市级	3 孔 ×6m，钢板门	迎晖桥、沈氏思慎堂
4	钱溇	湖州市漾西乡	通湖	区级	单孔 4m，钢筋混凝土平板门	蒋溇村安乐桥、双甲亭碑
5	蒋溇	湖州市漾西乡	通湖	区级	单孔 4m，钢筋混凝土平板门	蒋溇村安乐桥、双甲亭碑

序号	溇港名称	位置	类别	管理权属	河口控制闸	附属古桥
6	伍浦溇	湖州市太湖乡	不通湖		单孔 4m，钢筋混凝土平板门	伍浦村安乐桥、姜王里村太平桥
7	濮溇	湖州市太湖乡	骨干河道	市级	5 孔，总净宽 20m	
8	陈溇	湖州市太湖乡	不通湖		单孔 4.8m，木板门	陈溇塘桥、胜塘桥、常乐村观音桥、万翠桥、栏杆塘桥、潘塘桥、两家桥、咸兴桥、梅林桥、西庆桥、俊秀桥、圣堂桥
9	义皋溇	湖州市太湖乡	通湖	区级	单孔 4m，钢筋混凝土平板门	尚义桥、常胜塘桥
10	杨溇	湖州市太湖乡	通湖	区级	单孔 4.45m，木板门	永济塘桥
11	幻溇	湖州市太湖乡	骨干河道	市级	3 孔总净宽 12m	元通塘桥、约束桥、积善塘桥
12	大溇	湖州市太湖乡	通湖		单孔 4m，钢筋混凝土平板门	大溇桥、永隆桥
13	罗溇	湖州市太湖乡	骨干河道	市级	单孔 4m，钢筋混凝土平板门	黑龙塘桥
14	诸溇	湖州市太湖乡	通湖	区级	单孔 4.07m，木板门	诸溇桥
15	大钱港	湖州市塘甸乡	骨干河道	市级	5 孔 ×8m	
16	北门港	湖州市塘甸乡	不通湖			寿安桥、永安塘桥
17	泥桥港	湖州市塘甸乡	通湖	区级	单孔 3.65m，木板门	积善桥
18	杨溇港	湖州市塘甸乡	通湖	区级		杨溇桥
19	宣家港	湖州市塘甸乡	不通湖			苕阳关锁桥

序号	溇港名称	位置	类别	管理权属	河口控制闸	附属古桥
20	长兜港	湖州市塘甸乡	骨干河道	省级		
21	管渎港	湖州市白雀乡			已拆除	妥帖桥
22	顾家港	湖州市白雀乡			已拆除	白莲桥
23	小梅港	湖州市白雀乡	骨干河道	省级		
24	南横港	图影度假区图影村	通太湖	县级		
25	杨家浦港	洪桥镇金星村	通太湖	市级		
26	长兴港	太湖街道新塘村	通太湖	县级		海安寺
27	合溪新港	太湖街道彭城村	通太湖	县级		
28	沉渎港	太湖街道沉渎港村	通太湖	县级		大关桥（石梁桥）
29	夹浦港	夹浦镇夹浦村	通太湖	县级		大乌桥、小乌桥
30	常丰涧	夹浦香山、长平村	通太湖	县级		

附录三　湖州市太湖溇港世界灌溉工程遗产保护条例

（2022年3月9日湖州市第八届人民代表大会常务委员会第四十一次会议通过 2022年5月27日浙江省第十三届人民代表大会常务委员会第三十六次会议批准）

第一条　为了加强太湖溇港世界灌溉工程遗产（以下简称太湖溇港遗产）保护、传承和利用，根据《中华人民共和国水法》《中华人民共和国文物保护法》《中华人民共和国非物质文化遗产法》《浙江省河道管理条例》等有关法律法规，结合本市实际，制定本条例。

第二条　本市行政区域内太湖溇港遗产的保护、传承和利用等活动，适用本条例。

本条例所称太湖溇港遗产，是指列入《世界灌溉工程遗产名录》的太湖溇港遗产要素，包括：

（一）太湖堤防工程；

（二）溇港横塘体系，包括溇港、横塘、湖漾及其控制工程；

（三）溇港圩田体系，包括圩田、灌溉与排水渠系及其控制工程；

（四）其他相关遗产，包括见证溇港历史的古村落、古牌坊、古树、古堤、古河埠、古桥、寺庙、碑刻、民俗活动、民间文学、历史典籍、传统音乐等。

涉及文物、非物质文化遗产的，应当执行国家和省文物、非物质文化遗产等相关法律法规的规定。

第三条　太湖溇港遗产保护应当遵循科学规划、保护优先、活态传承、合理利用的原则，维护太湖溇港遗产的真实性、完整性和延续性。

第四条　市人民政府应当建立太湖溇港遗产保护综合协调机制，统筹规划实施，协调解决太湖溇港遗产保护工作中的重大问题。

市、相关区县人民政府应当将太湖溇港遗产保护纳入国民经济和社会发展规划，并将太湖溇港遗产保护所需资金纳入财政预算。

南太湖新区管理委员会根据授权、委托，在所辖区域内履行区县人民政府职责。

太湖溇港遗产所在地乡镇人民政府、街道办事处应当建立太湖溇港遗产日常巡查等制度，依法做好太湖溇港遗产保护工作。

第五条　水行政主管部门负责组织、监督辖区内太湖溇港遗产的保护、传承和利用工作。

文化广电旅游主管部门负责太湖溇港遗产保护区内文物的保护工作，并依法组织对太湖溇港非物质文化遗产的保护、保存工作。

教育主管部门应当将太湖溇港遗产保护的有关内容纳入中小学地方教材、太湖溇港遗产开放展示场所列入研学实践教育基地，支持学校开展与太湖溇港遗产保护相关的实践教育活动。

自然资源和规划、住房和城乡建设、农业农村、综合行政执法、生态环境、发展和改革、财政、交通运输等部门按照各自职责做好太湖溇港遗产保护、传承和利用工作。

第六条　太湖溇港遗产所在地村（居）民委员会应当协助乡镇人民政府、街道办事处做好太湖溇港遗产保护工作，依照法定程序将太湖溇港遗产保护事项纳入村规民约、居民公约。

任何单位和个人都有依法保护太湖溇港遗产的义务，有权对破坏太湖溇港遗产的行为进行劝阻、举报。

鼓励社会组织参与太湖溇港遗产的保护。

鼓励社会捐赠用于太湖溇港遗产保护、管理、修缮以及文化挖掘、培育、研究、宣传等工作。

第七条　负责河长制工作的机构应当将太湖溇港遗产河道、湖漾保护纳入各级河长履职范围。

市、区县人民政府应当依法加强对各级河长的履职考核。

第八条　市人民政府应当编制、公布和实施太湖溇港遗产保护利用专项规划。

太湖溇港遗产保护利用专项规划应当体现太湖溇港遗产保护、传承和利用的要求，与遗产属性和环境承载力相适应，包括以下内容：

（一）太湖溇港遗产要素的构成、现状评估；

（二）保护区的分类、范围、保护重点及措施；

（三）太湖溇港遗产展示、研究等活动的要求；

（四）其他应当纳入专项规划的内容。

太湖溇港遗产保护利用专项规划应当符合国土空间总体规划，与生态环境保护规划、历史文化名城保护规划、全国重点文物保护单位太湖溇港保护规划等相协调。水利、文化旅游、城乡风貌、交通、农业农村等专项规划中涉及太湖溇港遗产保护的，应当符合太湖溇港遗产保护利用专项规划。

第九条　太湖溇港遗产保护区分为核心保护区和一般保护区。

核心保护区是指太湖堤防工程、溇港横塘体系本体及其周围的区域。核心保护区按照以下标准划定：

（一）太湖堤防工程的堤身和背水坡脚向陆域延伸十至三十米的护堤地；

（二）有堤防溇港横塘的两岸之间水域、沙洲、滩地（包括可耕地）、行洪区以及堤身和背水坡脚向陆域延伸五至三十米的护堤地；

（三）无堤防溇港横塘的两岸之间水域、沙洲、滩地（包括可耕地）、行洪区以及护岸迎水坡顶部向陆域延伸二至七米的区域。

一般保护区是指核心保护区之外且与之相关联的溇港圩田体系，以及其他相关遗产一定范围内的区域。

第十条 依法在核心保护区内建设的必要基础设施和公共服务设施，应当符合太湖溇港遗产保护利用专项规划的要求。工程建设时应当避开太湖溇港遗产相关古迹、遗址，并采取对太湖溇港遗产影响最小的施工工艺，不得破坏太湖溇港遗产的历史风貌和安全环境。

核心保护区内住宅的修缮应当按照历史的建筑格局和建筑形式进行。

核心保护区内符合农村建房条件的，区县人民政府在充分尊重村民意愿的基础上，可以依法制定具体措施，保障村民实现户有所居。

第十一条 在一般保护区内规划建设用地条件时，应当限制土地开发利用强度，相关控制指标应当符合太湖溇港遗产保护利用专项规划要求。

一般保护区内新建、改建、扩建建筑物或者构筑物，不得破坏太湖溇港遗产的历史风貌和安全环境。

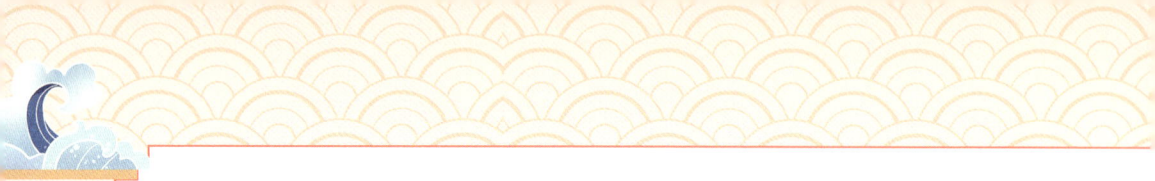

第十二条　水行政主管部门应当根据太湖溇港遗产保护利用专项规划明确保护区边界，建立太湖溇港遗产所在地标识系统和相关档案，向公众提供真实、完整的太湖溇港遗产信息。

在太湖溇港遗产核心保护区边界合适位置设置界桩。

第十三条　在太湖溇港遗产保护利用专项规划确定的保护区内，任何单位和个人不得有下列行为：

（一）擅自占用、填埋、阻塞、开挖溇港、横塘、湖漾；

（二）擅自移动、遮挡、涂改或者损毁太湖溇港遗产保护标志、界桩；

（三）在核心保护区内建设住宅、商业用房、办公用房、厂房；

（四）其他破坏或者妨害太湖溇港遗产保护的行为。

第十四条　市、区县人民政府应当根据太湖溇港遗产保护利用专项规划组织修复受损的太湖溇港遗产，维护太湖溇港遗产的灌、排、引、降、蓄、泄、调、分、运等功能。

第十五条　本市实行太湖溇港遗产保护清单制度。

市水行政主管部门应当会同市文化广电旅游、自然资源和规划、住房和城乡建设、农业农村等部门与相关区县人民政府组织调查、编制和修订保护清单，将太湖溇港遗产要素细化。国务院、省和市人民政府已经批准公布为保护对象的，直接列入保护清单。

对列入保护清单的保护对象应当逐一建档，明确保护范围，设立保护标志，并依照有关法律法规明确保护主体及其权利义务。

第十六条　市水行政主管部门应当建立太湖溇港遗产数字化监测预警系统，编制应急预案。发生危及太湖溇港遗产安全事件，或者发现太湖溇港遗产存在安全隐患的，市水行政主管部门应当启动应急预案，及时采取相应处置措施，并向市人民政府报告。

第十七条　市人民政府应当建立太湖溇港遗产保护专家咨询工作制度。

编制太湖溇港遗产保护利用专项规划、保护清单或者作出有关重大决定的,应当听取专家意见或者邀请专家进行评估论证。

第十八条　鼓励单位和个人依法开展下列传承和利用太湖溇港遗产的活动:

(一)组织对见证太湖溇港历史的民俗活动、民间文学、传统音乐等非物质文化遗产的挖掘、整理和研究;

(二)依托溇港横塘、溇港圩田、古村落等发展休闲观光农业、文旅产业、研学活动,推进溇港文化与其他地域特色文化融合发展;

(三)培养相关非物质文化遗产传承人,组织遗产保护传承和活态展示展演,推进非物质文化遗产融入生活,培育新型文化业态;

(四)组织出版丛书、志书、名人传,利用报刊、广播、影视、网络等多种形式进行宣传;

(五)组织课题研究、交流合作;

(六)其他有利于传承和利用太湖溇港遗产的活动。

第十九条　市、区县人民政府及其有关部门应当加强太湖溇港遗产保护的宣传教育,增强公众对太湖溇港遗产的保护意识。

鼓励新闻媒体、社会组织参与太湖溇港遗产的宣传工作。

第二十条　市、区县人民政府应当对保护太湖溇港遗产做出突出贡献的单位和个人给予褒扬激励。

第二十一条　违反本条例第十三条第一项规定,在太湖溇港遗产保护区内擅自占用、填埋、阻塞、开挖溇港、横塘、湖漾的,由水行政主管部门依照水、河道管理法律法规的相关规定从重

处罚。

违反本条例第十三条第二项规定，擅自移动、遮挡、涂改或者损毁太湖溇港遗产保护标志、界桩的，由水行政主管部门责令限期改正；逾期不改正的，对个人处五百元以上五千元以下罚款，对单位处二千元以上二万元以下罚款。

违反本条例第十三条第三项规定，在核心保护区内建设住宅、商业用房、办公用房、厂房的，由水行政主管部门责令停止违法行为，限期改正；逾期不改正的，处一万元以上五万元以下罚款。

第二十二条　市、区县人民政府，有关部门及其工作人员有下列行为之一的，由有权机关对直接负责的主管人员和其他直接责任人员依法给予处分或者其他处理：

（一）违反本条例第十五条第二款规定，未组织保护清单的调查、编制、修订工作的；

（二）因保护和管理不善，致使列入保护清单的太湖溇港遗产要素损毁的；

（三）其他玩忽职守、滥用职权、徇私舞弊行为的。

第二十三条　违反本条例规定的行为，法律、行政法规和省的地方性法规已有法律责任规定的，从其规定。

第二十四条　本条例自 2022 年 6 月 20 日起施行。

结　语

　　"一万里束水成溇，两千年绣田成圩"，溇港就像毛细血管，密布在太湖沿岸的土地上。

　　溇港的修建是太湖地区灌溉农业发展的里程碑，为区域社会经济发展发挥了基础支撑作用。溇港系统是太湖流域特有的水利类型，集水利、经济、生态、文化于一体的系统工程，具有排涝、灌溉、通航等功能的水利工程形式，也是孕育吴越文化、丝绸之府、鱼米之乡、财赋之区的重要载体，是太湖流域古代劳动人民在利用和改造渍湖低湿洼地，变涂泥为沃土的独特的水利工程创造，在世界农田灌溉与排水的发展史上具有重要的地位。溇港的创建，使环太湖的肥沃淤滩得到开发利用。元明清时期太湖流域已经成为中国主要粮食产区和纺织品生产地、漕粮的主要输出地，是 13 世纪以后中国南方经济中心之一。目前溇港灌溉面积 42 万亩（2.8 万公顷）、排水面积 4.4 万公顷，一年粮食产量 87.48 万吨（2014 年），并形成以水稻种植为主，包括蚕桑饲养、淡水养鱼等为一体的精细农业、高效农业、特色农业。溇港是顺应自然、布局科学的灌溉排水工程典范。通过修筑纵溇通湖、横塘分水、湖漾蓄水调节和涵闸斗门的修建，使得高低圩田都排灌得宜。凭借塘浦圩田和溇港圩田这种高效的农田水利系统，太湖平原成为中国稻作农业和蚕桑养殖业最发达的地区，至少从 11 世纪以来，这里成为中国人口最密集、最富庶的地区。

溇港工程在其建筑年代是一种创新，为水资源利用方式、工程规划与建筑技术发展做出了贡献，蓄水和水量调节工程具有独特性和可持续性。太湖溇港由湖区、溇港、农田灌排系统、顿塘构成，是本土人民在湖泊水网区域的生存和发展进程中的伟大创造。溇港的开凿、维护，与土地整治、农桑的发展相互促进，形成了相对独立的桑基圩堤，圩内形成了独立的灌排体系和农业生产体系。溇港、横塘与圩堤、农田、桑林、鱼塘、湖漾之间的良性互动，造就了区域特有的河湖连通生态体系，清淤、储肥、灌溉、养殖各环节互动，形成了独特的人文和自然环境。

溇港灌溉工程管理制度具有中国传统文化烙印，是可持续运营管理的典范。溇港灌溉工程管理（尤其是疏浚工程）具有官民协同管理特点，是可持续运营管理的典范。五代吴越设置专业撩浅组织"撩浅军"；宋代已有比较完备的管理制度；明清时期管理制度更加系统，对人员配备、闸门启闭、岁修制度都有详细的规定。历史上遗留下来的碑刻碑文记载了溇港的发展历程世代相传的用水制度被强调，管水的官员与用水户得到沟通，传承着溇港特有的管理文化。

图书在版编目（CIP）数据

与太湖堤共生的工程体系：湖州溇港 /
邓俊编著 . -- 武汉：长江出版社，2024.7
（世界灌溉工程遗产研究丛书 / 谭徐明总主编 . 中国卷）
ISBN 978-7-5492-8800-7

Ⅰ. ①与⋯ Ⅱ. ①邓⋯ Ⅲ. ①灌溉工程－水利史－湖
州 Ⅳ. ① TV632.553

中国国家版本馆 CIP 数据核字 (2023) 第 056061 号

与太湖堤共生的工程体系：湖州溇港
YUTAIHUDIGONGSHENGDEGONGCHENGTIXI：HUZHOULOUGANG

邓俊　编著

出版策划：赵冕 张琼
责任编辑：郑雨蝶
装帧设计：汪雪 彭微
出版发行：长江出版社
地　　址：武汉市江岸区解放大道 1863 号
邮　　编：430010
网　　址：https://www.cjpress.cn
电　　话：027-82926557（总编室）
　　　　　027-82926806（市场营销部）
经　　销：各地新华书店
印　　刷：湖北金港彩印有限公司
规　　格：787mm×1092mm
开　　本：16
印　　张：12.75
彩　　页：4
字　　数：143 千字
版　　次：2024 年 7 月第 1 版
印　　次：2024 年 7 月第 1 次
书　　号：ISBN 978-7-5492-8800-7
定　　价：78.00 元